독성물질 잡는

해독엄마

글 · 사진 베이비뉴스 편집국

나무
발전소

독성물집 잡는 해독 엄마가 되자

아토피 피부염, 성조숙증 등을 앓는 아이들이 갈수록 늘어나는 이유는 뭘까? 전문가들의 분석은 명확하다. 우리 아이들이 각종 독성 물질에 노출되는 일이 잦아졌기 때문이라는 것이다. 인간의 삶을 편리하게 해주는 생활용품이 많아짐과 동시에 예전에는 없었던 환경성 질환도 덩달아 늘어나고 있는 실정이다. 정부가 아토피 피부염과 같은 환경성 질환의 원인 규명을 위해 아동 10만 명에 대해 20여 년에 걸쳐 어린이 출생 코호트 연구를 곧 시작할 예정이라는 보도는 예사롭게 넘길 수 있는 것이 아니다.

아이를 낳고 키우는 일이 예전보다 힘들어졌다고 말하는 것은 결코 철없는 부모들의 볼멘소리가 아니다. 아이들은 저절로 알아서 자라주지 않는다. 부모가 눈을 부릅뜨고 아이들을 지키지 않는다면 우리 아이들의 안전을 보장할 수 없는 사회다. 아이를 건강하고 안전하게 키우고 싶은 부모라면 묻고 따지고 파고들어야 한다. 아이를 지키는 일에는 좀더 유난을 떨어야 한다. 아이를 좋은 대학에 보내는 것보다 훨씬 중요한 일은 아이를 건강하고 안전하게 키우는 것이다.

아이 입가에 묻은 음식물을 닦거나 기저귀를 갈 때 용변을 닦는 데 주로 쓰는 아기 물티슈. 물티슈의 유통기한은 최소 6개월에서 최대 3년까지다. 물티슈는 물과 티슈로 구성돼 있는데, 물티슈 속에 들어 있는 물이 최대 3년까지 썩지 않도록 하는 데 물티슈의 비밀이 숨어 있다. 썩지 않는 물을 만들려면 어떻게 해야 할까? 방부제, 보존제 등의 화학물질을 넣지 않을 수 없는 것이다. 소량이라서 안전하다고? 과연 그럴까?

일회용 기저귀는 어떨까? 일회용 기저귀야말로 화학물질의 복합체라고 할 수 있다. 엄청난 흡수력을 자랑하는 기저귀의 비밀도 바로 화학물질에 있다. 고분자흡수체라는 화학물질이 주변의 액체를 모두 빨아들인다. 그런데 이 고분자흡수체의 위험성에 대한 연구는 진행되고 있지 않다. 면역력이 가장 취약한 시기인 신생아 때부터 2년 넘게 사용하는 일회용 기저귀, 기업이 알아서 안전하게 만들었을 것이라고? 과연 그럴까?

아이 입속으로 들어가는 것은 어떨까? 아이들이 좋아하는 과자와 사탕, 음료 등에도 화학물질이 다수 포함돼 있다. 이런 화학물질이 어떤 기능을 하는지 살펴보면, 주로 색과 향을 내는 데 쓰인다. 빨간색, 노란색 등 아이들이 좋아하는 색을 만들기 위해서, 과일 맛이 느껴지도록 향을 만들기 위해서 쓰일 뿐이다. 또한 썩거나 부패하지 않고 모양을 유지하도록 하는 데 쓰인다. 영양과는 전혀 관련이 없다. 이런 화학물질이 아이 몸속에 들어가면 과연 어떻게 될까?

우리는 아이 주변의 것들을 하나씩하나씩 짚어보면서 한 가지 공통점을 발견했다. 대부분의 제품들이 그 역사가 오래되지 않았다는 것이다. 얼마 전까진 아이를 키울 때 사용하지 않았던 것들이다. 불과 20~30년 전에는 세상에 존재하지 않았던 것들이 이제는 턱하니 육아필수품으로 우리 생활 깊숙이 자리를 잡았다. 그것들은 너무 편리해서 거부할 수 없을 정도로 대단한 위력을 발휘하고 있다.

위험성이 검증되지 않은 생활용품이 늘어나고 있는 반면 사회적 검증 시스템은 전혀 발달하지 않고 있다. 수백 명의 피해자를 양산한 가습기 살균제 대참사를 보면 명확히 알 수 있다. 동네 마트에서 누구나 살 수 있었던 그 제품의 겉면에는 "인체에 안전한 성분을 사용해 안심하고 쓸 수 있다."는 문구가 적혀 있다. 그 제품 때문에 많은 사람이 죽었고, 여전히 고통 속에 살아가고 있지만 정부와 기업 그 누구도 사과하거나 책임지려고 하지 않는다. 수년째 거리로 나가 투쟁을 하고 있는 피해자 가족들의 요구사항을 들어보면 정부와 기업이 공식 사과를 하라는 것이다. 사람이 죽었지만 가해자는 없는, 잘못은 했지만 사과조차 받을 수 없는 사회인 셈이다.

'독성 엄마'가 될 것인가? '해독 엄마'가 될 것인가? 생활의 편리함에 취해서 남들도 쓰니까 괜찮겠지, 라는 생각으로 눈과 귀를 닫는다면 어느 순간 당신은 독성 엄마가 되고 말 것이다. 이 책을 읽다 보면 편한 것을 쫓아 살다가 어느새 독성 엄마가 되어버린 자신의 모습을 발견할 수 있을 것이다.

엄마는 마지막 검역소가 돼야 한다. 때로는 소아청소년과 의사보다 더 민감해져야 한다. '독한 엄마'가 되지 않고선, 각종 화학물질과 독성물질의 위험에서 아이를 구출하는 것이 쉽지 않다. 근본적으로는 우리 사회 시스템이 바뀌어야겠지만, 당장 세상이 바뀌기를 기대하기란 어렵다.

세상이 바뀌지 않는다면 내가 바뀌면 된다. 물론 이전보다 불편해질 수는 있으나 결코 미련한 것이 아니라는 점을 명심해야 한다. 남들과 조금 다른 삶을 사는 것이 결코 부끄러운 것도 아니다. 조금씩 조금씩 실천해 가면 된다. 지금 시작해도 결코 늦지 않다.

2015년 10월
소 장 섭

EWG 등급에 대해

EWG(Environmental Working Group)는 안전한 성분을 대안으로 제시하는 미국의
환경 연구단체를 뜻한다.
2억 5,000여 개의 연구 결과를 통해 0~10까지 성분 안전도 등급을 설정했다.
본문에 나오는 화학물질의 안전도 등급은 괄호 안에 표시해 둔다.

낮은 위험도	중간 위험도	높은 위험도
0~2	3~6	7~10

제1장

독성물질 과잉시대, 안전지대는 없다

물티슈의 물은 왜 3년간 썩지 않을까

요즘 아이 키우는 엄마들의 외출 가방 속에 반드시 들어 있는 것이 있다. 바로 일회용 물티슈다. 아이 입 주변에 묻은 음식물을 닦아내기도 하고, 대소변 후 뒤처리를 하는 데도 사용한다. 아이 키울 때 쓸 일이 많다 보니 보통 몇 개월치를 박스 채로 한꺼번에 사서 쓰곤 한다.

무려 142명의 사망자를 발생시킨 가습기 살균제에 사용됐던 화학물질인 클로로메틸이소티아졸린과 메틸이소티아졸린온이 영유아용 물티슈에도 들어 있다는 사실이 알려진 후 물티슈의 안정성 여부가 도마에 올랐다.

시사전문지인 〈시사저널〉이 가습기 살균제에 사용했던 화학물질

을 대체할 목적으로 물티슈에 '세트리모늄브로마이드' (EWG 3등급)를 사용한 것을 보도하여 크게 논란이 일었다. 이 성분은 가습기 살균 제에 사용한 화학물질보다 독성이 강한 물질이다.

세트리모늄브로마이드라는 생소한 이름의 화학물질은 포털 실시 간 검색어 상위권에 오르내렸고, 평소 물티슈 논란에 관심이 없던 수많은 언론들이 트래픽(정보 이용량)을 노리고 비슷비슷한 기사들을 쏟아내면서 물티슈의 화학성분 유해성 논란은 더욱 증폭됐다.

물티슈 화학성분 유해성 논란이 터질 때마다 물티슈 업체들의 반응은 한결같다. 대기업, 중소기업 할 것 없이 저마다 보도자료를 내고 자신들의 물티슈는 안전하다고 해명하며 선 긋기에 나선다. 자사의 제품에 유해성분이 들어 있다는 지적이 나오면 '기준치 이하이므로 안전하다'는 틀에 박힌 견해만 고수할 뿐이다.

논란이 터질 때마다 엄마들은 온라인상에서 바쁘게 움직인다. 해당 화학성분이 포함된 물티슈 제품을 찾아 블랙리스트를 만들어 올리면 SNS, 카페, 블로그 등을 통해 순식간에 퍼져나간다. 이 블랙리스트 포함 여부에 따라 해당 업체의 물티슈 매출이 요동치기도 한다.

안전할 거라 믿었던 물티슈의 역습

이처럼 물티슈 유해성분 논란은 수년째 똑같은 패턴으로 흘러간다. 논란이 계속될 때마다 물티슈를 써야 되는지 말아야 되는지, 안전한 물티슈가 과연 있기는 한 건지 엄마들은 더욱더 혼란스러울 뿐이다. 하지만 우리가 주목하는 것은 물티슈의 유통기한이다. 물티슈의 유통기한을 자세히 들여다보면 물티슈의 유해성분 논란에서 우리가 반드시 알아야 할 교훈을 얻을 수 있다.

제품 겉 포장지에 적힌 유통기한은 업체마다 천차만별이지만 제조일로부터 짧게는 45일, 길게는 3년까지 사용할 수 있다고 적혀 있다. 현재 물티슈 업체들이 지켜야 하는 유통기한 법적기준도 최대 3년인데, 이를 다시 말하면 물티슈 속의 물은 최대 3년까지 썩지 않는다는 말이다.

제품명	판매원	제조원	유통기한
순둥이 45일	호수의 나라 수오미	우수컨버팅	45일
몽드드 베이직	몽드드	태남홀딩스	6개월
하기스 도톰한 물티슈 베이직	유한킴벌리	유한킴벌리	12개월
베베숲	에이제이	에이제이	12개월
페넬로페 무방부제 세자린	더퍼스트터치	OTK CNT	12개월
따사로움	따사로움	따사로움	12개월
듀듀오리지널	네오팜그린	씨엔씨	12개월
피타페티 아기 물티슈 베이직	베일리수	아이에스테크	12개월
TESTER 967	한울허브팜	한울생약	18개월
보솜이 카모마일 프리미엄	깨끗한나라	아진크린	24개월
큐티순수	쌍용C&B	아진크린	24개월
아이수 도톰 프리미엄	러비앙	우일씨앤텍	24개월
닥터아토100 7無 안심물티슈	보령메디앙스	씨엔씨	36개월
토디앙 안심물티슈	LG생활건강	한울생약	36개월

물은 실온에서 24~48시간이 지나면 오염돼 미생물이 증식할 가능성이 높다. 물속에 있는 칼륨, 마그네슘 등 다양한 미네랄 성분이 공기와 접촉하면서 자연스럽게 박테리아(세균)와 곰팡이가 접근해 부패 현상이 일어난다. 걸레를 빨고 제대로 짜지 않고 놔두면 하루만 지나도 썩는 냄새가 나는 것이 그 방증이다.

그런데 물티슈는 최대 3년까지도 썩지 않는다? 물티슈에는 방부제가 들어갔기 때문에 썩지 않는 것이다. 우리가 기억해야 할 점은 바로 물티슈에 방부제가 들어간다는 사실이다. 클로로메틸이소티아졸린온이든, 메틸이소티아졸린온이든, 세트리모늄브로마이드이든 이름만 바뀌어 있을 뿐 방부제가 들어간다는 사실은 바뀌지 않는다.

환경 전문가들이나 물티슈 업계에 몸담고 있는 이들의 말을 들어보면 물티슈는 태생적으로 방부제가 들어갈 수밖에 없는 구조적 한계를 안고 있다. 부직포에 물을 부어놓으면 물만 있을 때보다 미생물이 증식하기 좋은 환경이 만들어진다. 따라서 1~3년의 유통기한을 유지하기 위해서는 방부제(살균제, 보존제)를 사용할 수밖에 없다.

이덕환 서강대학교 화학과 교수는 "낱개로 포장되지 않은 대용량 물티슈가 공기 중에 노출되면 반드시 세균이나 곰팡이에 의해 썩는다. 따라서 대용량 물티슈에는 반드시 소량이기는 하지만 살균제(방부제)가 들어 있을 수밖에 없다."고 한다.

이 교수는 "물티슈의 성분 중 정제수를 제외한 모든 것은 화학적으로 세균이나 곰팡이를 죽이는 살균제로 사용된다. 낯선 이름의 살균제라고 해서 반드시 화학적으로 합성한 것은 아니지만 반대로 천연물에서 추출한 살균제라고 해서 인체에 무해한 것도 아니다."고 주장한다.

또한 "방부제 역할을 하는 성분은 독성을 갖고 있어서 피부의 유해균도 같이 죽여버린다. 물티슈를 아이에게 하루에도 수십 번씩 사용하고, 사용하고 난 뒤 물로 씻어내지 않는 점을 감안할 때 방부제는 피부 세포벽을 깨뜨려 아기의 피부세포에 영향을 미칠 수 있다."고 말한다.

물티슈에는 물만 들어 있는 게 아니다

현재 시중에 유통되는 영유아용 물티슈에는 방부제 외에도 보습제, 계면활성제, 오일류, 항균제 등 다양한 화학성분이 들어 있다. 여러분들이 쓰는 물티슈 뒷면을 보면 최소 5개에서 최대 20개까지 낯선 이름의 화학물질이 적혀 있는 것을 확인할 수 있다. 낯선 단어들이 많이 나와서 골치 아프다고 생각하지 말고, 물티슈의 실체를 확인해 보자.

먼저 방부제 종류부터 좀더 살펴보면, ▲ 벤즈이소티아졸린온 ▲ 메틸이소티아졸린온 ▲ 페녹시에탄올 ▲ 트리클로산 ▲ 클로로메틸이소티아졸린온 ▲ 벤잘코늄클로라이드 ▲ 벤조익애씨드 ▲ 벤질알코올 ▲ 파라벤류 등이 대표적이다.

이 성분들은 미국 환경연구단체(EWG)가 운영하는 화장품 데이터베이스 스킨딥(www.ewg.org/reports/skindeep)에서 3~7등급으로 정해져 있는, 주의가 필요한 성분들이다.

그런데 최근 물티슈 방부제 성분 논란이 커지면서 앞서 언급한 성분들의 대부분은 최근 생산되는 물티슈에는 제외되고 있는 추세다.

그 자리를 대신한 방부제가 바로 세트리모늄브로마이드다. 시사주간지 〈시사저널〉이 가습기 살균제의 독성보다 더 독한 물질이라고 보도했던 바로 그 화학물질이다. 물론 어느 것이 더 독한 물질이냐에 대해서는 여전히 논란이 계속되고 있는 상황이다.

세트리모늄클로라이드 EWG 3등급도 물티슈 업체들이 대체 성분으로 찾은 것이다. 휘발성이 있어서 물로 씻은 듯 시원한 느낌을 주는 이 성분은 알레르기를 일으킨다는 보고가 있어 화장품에서는 이미 그 함량을 제한하고 있는 물질임에도 유아용 물티슈 제조에 사용되었다. 이외에도 소듐하이드로아세테이트 EWG 1등급와 카프릴하이드록사믹 애씨드 EWG 0등급는 각각 살균보존제와 대체방부제 역할을 한다.

물티슈에는 피부 보습을 돕기 위해 보습제도 들어간다. 글리세릴 카프릴레이트EWG 0등급, 헥산디올EWG 0등급 등이 바로 그것이다. 특히 주의를 기울여야 할 성분은 프로필렌글라이콜EWG 3등급이다. 이 성분은 무색무취이면서 사용감촉이 우수한 데 반해, 피부·내장·뇌 등에 장애를 일으킬 수 있으며 내분비계 독성도 지닌 것으로 알려져 있다. 신장장애의 위험성이 있다고 알려져 있어 독일에서는 식품첨가물로 사용이 금지된 물질이다.

물티슈의 산화를 억제시키기 위해 산도(pH) 조절제도 필수로 들어간다. 산도조절제는 개봉하면서부터 생기는 미생물의 증식을 억제하는 역할을 하기 때문에 간접적으로 보존제 역할도 한다. 소듐시트레이트EWG 0등급, 소듐아니세이트EWG 0등급, 시트릭애씨드EWG 2등급, 수산화나트륨EWG 3등급 등이 대표적인 산도조절제이다.

물티슈에는 계면활성제(유화제)도 첨가된다. 이 성분은 세척 기능이 있어 깨끗하게 닦아내는 역할을 한다. 폴리글리세릴-5올리에이트EWG 0등급, 소듐코코일글루타메이트EWG 0등급, 소르비탄올리에이트EWG 0등급, 세틸피리디늄클로라이드EWG 2등급 등이 그것이다. 물티슈에서 거품이 나는 이유가 바로 계면활성제 때문인데, 최근에는 거품을 나지 않게 하려고 소포제를 넣기도 한다.

물티슈에는 좋은 향기를 내기 위해 향료도 들어간다. 방부제나 소

독제 성분들이 갖고 있는 고유의 향을 가리기 위해 소취제나 향료를 넣어 눈속임을 하는 것이다. 향료는 오랜 시간 노출되면 두통을 유발하기도 하고, 호흡기나 피부 접촉 시 알레르기를 일으킬 수 있어 주의가 필요한 성분이다. 하지만 향료로 사용되는 물질만 해도 250여 종에 달하고 물티슈 대부분이 한 가지 물질만 사용하는 것이 아니라 몇 가지 물질을 섞어 사용하므로 물티슈에 얼마나 많은 향료가 들어 있는지 확인할 수 없다.

또한 물티슈에는 녹차, 호호바, 알로에 오일 등의 오일류도 들어간다. 오일은 피부의 수분이 날아가지 않게 해주는 보습 효과도 있지만 방부 효과도 지닌다.

이렇듯 물티슈는 물과 티슈로만 구성돼 있는 것이 아니라 수많은 화학물질이 들어가 있다. 이러한 화학물질이 들어간다는 사실은 그동안 소비자들에게 잘 알려지지 않았는데, 최근 물티슈 유해성분 논란이 커지면서 전성분 표기제가 시행되고 있다. 2013년 1월부터 시작된 전성분 표기제는 6월까지 계도기간을 거쳐 7월부터 본격적으로 시행되고 있다. 성분표기가 없는 물티슈는 과감하게 사용하지 않는 것이 좋다.

무방부제 물티슈, 그게 가능한 걸까?

몇몇 물티슈 업체는 방부제를 첨가하지 않았다고 홍보를 한다. 앞서 짚었듯이 물티슈에 방부제를 넣지 않고는 1~3년의 유통기한을 유지시키는 것은 불가능한 일이다. 국내 한 생협(생활협동조합)에서도 방부제를 넣지 않은 물티슈를 만들어보려고 했다가 실패하고 말았다고 한다. 그렇다면 무방부제 물티슈라는 것은 어떻게 만들어지는 것일까?

일부 무방부제 물티슈에 들어 있다는 징크제올라이트는 자연 무기물로 미생물 번식을 제어하는 항균 기능을 갖고 있고, 립글로즈에 많이 쓰이는 카프릴릴글라이콜^{EWG 0등급}도 방부 효과가 있어 보존제 역할을 한다. 하지만 두 성분 모두 방부제로 분류돼 있지 않다 보니 방부제 기능을 해도 무방부제인 셈이다.

이를 두고 이덕환 서강대학교 화학과 교수는 "무방부제 물티슈가 오히려 방부제를 사용한 물티슈보다 위험할 수 있다."고 말한다. 그 이유는 효과가 약한 천연성분으로 기존 방부제를 대신하면 그만큼 유통기한이 짧아지면서 소비자들이 관리에 더 많은 노력을 기울여야 하기 때문이다. 관리에 소홀하면 세균 등이 더 빨리 증식해서 또 다른 위험에 노출될 수 있다.

23년 만에 2,000억 규모의 물티슈 시장

언제부턴가 아이를 키우면서 물티슈는 없어선 안 될 제품이 돼버렸다. 물티슈는 1980년 이전부터 사용되기 시작됐지만 아기 물티슈라는 제품이 대중 앞에 첫선을 보인 것은 1990년대이다.

1991년 당시 유한킴벌리는 영유아 부모를 타깃으로 '크린베베'라는 물티슈를 선보였다. 그게 바로 아기 물티슈의 시초다. 2000년대 초반에 유아용품 시장에 '프리미엄' 바람이 불면서 천연성분 등을 함유한 아기 물티슈들이 대거 쏟아져 나오기 시작했다. 2000년대 중·후반으로 넘어갈수록 차별화 경쟁은 심화됐고 시장규모도 빠르게 커졌다.

2015년 기준으로 가격비교 사이트 '다나와'에 등재된 물티슈 제조업체 수는 국내와 해외업체를 포함해 260개에 이른다. 닐슨코리아에 따르면 2013년 기준 물티슈 시장의 규모는 연간 2,000억 원으로 전년보다 13%나 증가했다. 최초의 아기 물티슈가 출시된 지 불과 23년 만에 물티슈는 우리 삶에 없어선 안 될 필수품으로 자리매김한 것이다.

해외에서도 물티슈 사용은 점차 증가하고 있다. 'KOTRA 글로벌 윈도우'의 해외시장동향 등을 종합하면 홍콩의 유아용 물티슈 판매율은 2010년 103%, 2011년 109.1%, 2012년 114.8%로 꾸준히 늘고 있다. 이는 중국의 산아제한정책이 다소 느슨해지면서 물티슈 등을 포함한 유아용품 산업이 점차 성장하고 있기 때문이다.

사우디아라비아에서는 2011년 유아용 물티슈(Baby Wipes)의 판매가 전년보다 13.5% 증가한 1,080만 달러로 가장 높은 판매 증가율을 기록하기도 했다. 위생에 대한 중요성이 알려지면서 사우디아라비아의 2006년~2011년 유아용 물티슈 연평균 성장률은 10.6%로 고속 성장 중이다.

미국에서도 세정용 티슈의 사용이 늘고 있다. 2011년 미국 세정용 티슈 시장규모는 19억 달러인데, 2016년에는 25억 달러로 증가할 것이라는 의견이다. 세정용 티슈 중 85.9% 이상을 차지하는 것은 습식 세정용 티슈, 즉 우리가 알고 있는 물티슈를 말한다.

반면 네덜란드에서는 유아용 물티슈 매출이 떨어지고 있다. 이는 출산율 저하와 함께 파라빈·폼알데하이드 등의 화학물질에 대한 유해성 논란이 커졌기 때문이다. 물티슈는 일회용 제품으로 비환경친화적이라는 사회인식도 물티슈 구매를 자제하는 요인으로 꼽히고 있다.

물티슈는 가습기 살균제의 경우와 달리 우리나라에서만 쓰는 제품이 아니다. 해외에서도 물티슈를 사용하고 있고, 영유아용 물티슈도 있다. 하지만 해외에서도 영유아용 물티슈의 경우, 화학성분 문제가 완전히 해결되지 않은 이유로 유해성 논란이 계속 제기되고 있다. 영유아용 물티슈의 안전성 문제는 우리나라만의 과제는 아닌 듯하다.

물티슈 쓰지 않고 살 수는 없을까?

언제부터인가 물티슈가 필수용품처럼 되었지만 과거에는 거즈(gauze) 수건이나 일반수건 등에 물을 묻혀 사용하거나 대야에 물을 받아놓고 아이를 씻기는 경우가 대부분이었다. 그리고 지금도 물티슈 없이 아이를 키우는 부모들이 있다.

갓 150일을 넘긴 딸 고은이를 키우는 고효경(34세) 씨는 물티슈 없는 삶을 몸소 실천하고 있다. 경기도 남양주시 도농동 집에서 만난 고씨는 "집안에서는 아이에게 물티슈를 절대 사용하지 않는다."고 말한다. 인위적으로 만들어진 것은 문제를 일으킬 수 있다는 생각이 들어, 물티슈 없는 첫 육아를 실천하고 있다.

이전부터 물티슈 사용에 민감했던 그가 물티슈의 대안으로 선택한 것은 거즈 수건과 탈지면이다. 아이의 몸이 맞닿는 것이면 어김없이 거즈 수건을 사용한다. 아이의 얼굴이나 손과 발을 닦아줄 때나 기저귀 뒷처리를 할 때는 물론이고, 베개 위나 이불 위, 아이를 안

고 있는 고씨의 어깨 위에도 어김없이 거즈 수건을 사용한다.

이렇게 하루에 사용되는 거즈 수건은 약 20~30장. 고씨는 하루치의 거즈 수건을 지퍼백에 담아 필요할 때마다 꺼내 쓴다. 한 번 사용한 거즈 수건은 바구니에 모았다가 삶고 헹구는 세탁과정을 반복한다. 단, 아이의 입 안을 닦을 때는 거즈 수건을 사용하지 않는다.

"유기농 세제를 넣었다 해도 세제가 풀리지 않아 수건에서 거품이 날 때가 있어요. 아무리 삶아도 그 성분이 남았다는 거잖아요. 그래서 아기의 입 안은 물로 닦아주지요."

물티슈를 좋아하지 않는 고씨이지만 외출할 때는 부득이하게 물티슈를 꺼내든다. 소변은 차고 있던 기저귀로 닦고, 대변의 양이 많아 이곳저곳에 묻을 땐 물티슈 한두 장 꺼내 툭툭 닦고 집에 와서 물로 씻기는 것이다.

고씨에게 아기 물티슈의 핵심 용도는 청소용이다. 가끔 집안의 바닥 청소나 먼지를 닦을 때 사용할 뿐이다. 물티슈를 바짝 말려 휴대폰 액정을 닦을 때도 사용한다.

한 시간에도 수차례 젖을 물리며 모유수유를 하는 고씨는 물티슈 외에도 베이비파우더, 베이비오일, 로션, 땀띠·발진 크림도 사용하지 않는다고 한다. 이로 인해 생기는 불편함을 감수하고서라도 고씨가 지키고 싶은 게 무엇일까?

"제 이런 모습을 보고 주변 사람들이 가끔 그래요. 결벽증 아니냐고. 그런데 아이 몸에 직접 닿는 거잖아요. 그래서 물티슈에 더 민감한 것 같아요. 그리고 저부터도 사용하지 않는데 아이에게 사용할 리 만무하죠. 아이가 쓸 수 있는 제품으로 나온 거면 이름값을 했으면 좋겠어요. 물티슈 논란 같은 기사도 이제 안 봤으면 좋겠고요. 엄마들이 바라는 건 다른 게 아니에요. 내 아이에게 쓰는 거니까 정말 안전하길 바라거든요. 정말 안심하고 쓸 수 있도록 정부에서 제대로 법을 만들어주었으면 좋겠어요. 내 가족이라는 생각을 갖고 양심적으로 좀 만들어주세요."

물티슈 적게 쓰기, 바르게 쓰기

물티슈가 소비자의 삶을 편리하게 해주는 것은 부정할 수 없는 사실이다. 하지만 물티슈 속 화학물질이 아이의 몸에 알게 모르게 쌓이고 있다는 점도 부인할 수 없다. 전문가들은 하나같이 물티슈를 사용하지 않는 게 최선이라고 말한다. 어쩔 수 없는 경우라면 아이 얼굴이나 피부에는 쓰지 않도록 주의하라고 권한다.

임종한 인하대학교 직업환경의학과 교수는 "물티슈를 굳이 쓸 필요는 없다. 물티슈에 들어간 성분이 아이에게 안 좋은 영향을 미쳐 접촉성 피부염이 생길 수 있고, 아기가 모르고 물티슈를 빨았을 때 유해한 화학성분이 아이 몸에 흡수될 수도 있다. 물티슈에 아이 피부가 너무 오래 접촉하지 않도록 주의해야 한다."고 조언한다.

당장 물티슈 사용을 끊을 수 없다면 점차 물티슈 사용을 줄여나가는 노력이 필요하다. 임종한 교수는 "물티슈 사용량을 현저히 줄여야 한다. 평소에는 쓰지 말고 외출할 때와 같이 불가피한 경우에만 제한적으로 사용하는 것이다. 가능하면 적게 쓰고 물이나 부드러운 수건으로 닦는 것이 더 낫다."고 강조한다.

임상혁 노동환경건강연구소 소장도 "물티슈에 들어가는 방부제는 피부에 흡수된다. 특히 입 안 점막은 흡수가 더 잘되니 물티슈를 입 안에 넣지 않도록 해야 한다."면서 "유해성분이 피부에 흡수되지 않도록 남아 있는 물기를 휴지로 닦거나 물로 씻어야 한다."고 말한다.

이덕환 서강대학교 화학과 교수는 "세상에는 공짜가 없다. 물티슈에는 세균 오염 발생을 막기 위해 살균제를 사용하지만, 살균제를 너무 믿으면 오히려 문제가 될 수도 있다는 상식을 기억해야 한다."고 말한다.

살균제가 인체에 흡수된다면 문제가 생길 가능성이 있다. 물티슈로 눈이나 입을 닦는 것은 현명하지 않고, 특히 피부가 약한 어린아이에게는 사용을 자제하는 것이 바람직하다.

유해성분 논란, 물티슈 업계와 정부는?

물티슈 업계는 현재 법에서 정한 기준을 잘 지키고 있는 물티슈 업체를 나쁜 기업으로 매도해서는 안 된다고 항변한다. 그러면서 물티슈에 대한 기준을 정부가 제대로 만들어서 물티슈 안전성 논란을 해소해야 할 것이라고 주장하고 있다.

물티슈 유해성분에 대한 논란이 반복되자 식품의약품안전처(이하 식약처)는 뒤늦게 관련 법령을 개정하겠다는 입장이다. 식약처는 2015년 7월 1일부터 인체 청결용 물휴지(물티슈)를 화장품 기준에 따라 관리하겠다며 '화장품법 시행규칙' 일부개정안을 입법예고하고, 대국민 의견수렴 절차를 마쳤다.

지금까지 물티슈는 세제와 같은 공산품으로 산업통상자원부 국가기술표준원의 '품질경영 및 공산품안전관리법'을 따르고 있다. 하지만 공산품이다 보니 성분에 대한 별도의 제한규정이 없는 것이 문제였다.

공산품 안전관리 규정을 보면 납, 수은, 비소, 카드뮴, 크로뮴 등 중금속 함유량이 kg당 20㎎ 이하면 아무런 문제가 없다. 물티슈에 이러한 중금속이 들어갈 리 만무하지만 중금속을 기준치 이하로 사용하면 문제가 없다는 현행법은 부모들의 마음을 무겁게 한다.

2015년 7월부터 주무부처가 산업자원부에서 식약처로 바뀌면서 물티슈의 사용원료 기준이 강화된다. 이에 따라 1,013종의 유해 화학성분을 사용할 수 없고, 사용상 제한이 필요한 보존제, 자외선 차단 성분, 색소 등 260종을 사용하려면 지정·고시된 원료만을 사용해야 한다.

또한 물티슈 제조업자는 제품을 출고하기 전 제조번호별로 품질 검사를 완료해야 출시가 가능하다. 품질관리 기준과 제조판매 후 안전기준을 적용받아야 하고 부작용 보고도 의무적으로 해야 한다.

식약처 관계자는 "부모들이 아이 몸에 닿는 물티슈에 민감하다는 것을 잘 알고 있다. 그래서 보다 안전하게 쓸 수 있도록 정부 차원에서 관리를 강화하는 노력을 계속하고 있다. 2015년 1월 23일부터 페닐파라벤과 클로로아세타마이드 등 2종의 살균·보존제를 화장품에 쓰지 못하도록 하는 '화장품 안전기준 등에 관한 규정 일부개정 고시안'을 마련했다. 보존제에 대한 재평가도 계획하고 있다."고 말한다.

이어서 "물티슈 성분은 논란이 많지만, 제품에 들어간 화학물질의 농도가 낮으면 물하고 구분하지 못한다. 따라서 유해성은 얼마만큼의 양이 어떤 경로로 노출되느냐가 중요한 것이다. 화장품 원료는 외국의 유해 사례를 종합해서 유럽연합(EU)이 정해놓은 값이기 때문에 외용제로서 안전성을 확보할 수 있는 최소한의 양이다. 물티슈도 화장품법에 따라 관리되면 산업자원부 때보다 엄격한 기준이 적용되어 화학물질 성분과 관련해서 업체와 소비자들의 혼란이 현저히 줄어들 것이라 생각한다."고 덧붙였다.

물티슈 논란에서 자유로워지는 방법은?

이처럼 물티슈 관련 기준이 강화될 예정이지만, 그렇다고 해서 물티슈에 방부제를 비롯한 화학물질을 쓰지 않는 것은 아니다. 현재와 같은 방식으로 제조·유통되는 물티슈에는 기준이 아무리 강화되더라도 화학물질이 들어갈 수밖에 없다. 그리고 그 성분이 아무리 약화된다고 하더라도 소중한 아이의 몸에 직접 닿는 것이기 때문에 부모들의 현명한 판단이 필요하다.

물티슈 유해성 논란에서 자유로워지는 가장 깔끔한 방법은 전문가들의 권고대로 물티슈를 쓰지 않는 것이다. 그것이 힘들다면 아기 몸에 사용하지 않는 등 물티슈를 제한적으로 사용하는 것이다. 최근에는 물을 넣지 않은 건티슈와 같은 대안용품도 등장했다.

일회용 물티슈 쓰지 않기

아이 피부는 물론이고, 아이 장난감을 닦을 때 등 모든 생활 영역에서 물티슈를 쓰지 않는 방법이다. 물티슈를 쓰지 않기로 마음먹었다면 거즈 수건 사용에 익숙해져야 한다. 거즈 수건을 여유 있게 갖고 다니면서 물에 적셔 사용하는 것이다. 약국이나 인터넷쇼핑몰에서 판매하는 탈지면을 적당한 크기로 잘라 물에 적셔 사용하는 방법도 있다. 이는 탤런트 이승연 씨가 방송에서 소개한 방법이기도 하다. 형광표

백제를 사용하지 않은 종이티슈를 구매해서 물에 적서 사용하는
방법도 있다.

일회용 물티슈 제한적으로 사용하기

물티슈를 사용하되 얼굴이나 생식기 등 아이
피부에 직접 닿는 부분에는 사용하지 않는 방법
이다. 물티슈는 더러운 것을 간편하게 닦아내는 등 여러모로 쓸
모가 있다. 아이 피부에 쓰지 않는 것만으로도, 물티슈를 무분별
하게 사용했을 때보다 훨씬 더 안전을 지킬 수 있다.

건티슈 등 대안용품 사용하기

물티슈 유해성 논란이 확산되자, 일부 기업에
서는 건티슈라는 새로운 제품을 생산해 판매하고
있다. 건티슈는 물에 젖지 않은 부직포를 적당한 크기로 잘라 포
장한 것이라고 생각하면 된다. 인터넷에서 건티슈를 검색하면
다양한 제품이 나온다. 생협에서도 건티슈를 판매하고 있다. 건
티슈에 사용할 증류수를 함께 판매하는 제품도 있다. 이외에도
가정용 물티슈 제조기를 판매하는 기업도 있다.

합성 화학물질의 사용 100년, '독'은 어디에나 존재한다

지구의 환경을 이루는 공기, 물, 태양광선, 토양 등은 자연이 만들어낸 화학물질이다. 우리 인체를 구성하는 요소인 단백질 역시 화학물질이다. 또한 우리가 식사로 섭취하는 영양소도 화학물질이다. 탄소(C), 수소(H), 질소(N), 황(S), 인(Q)과 같은 원소로 이루어진 핵산, 단백질, 탄수화물 등과 같은 화학물질은 모든 생명체를 유지하는 데 관여한다. 특히 핵산은 유전자 정보를 전달하는 DNA와 RNA를 구성하는 중요 물질이다.

오늘날 문제가 되는 것은 인공적으로 만든 화학물질이다. 특히 석유에서 추출한 합성 화학물질이 주요 오염원이 된다. 산업화, 공업화, 도시화가 석유를 에너지 기반으로 발전을 거듭한 까닭이다. 폭발적인 인구증가에 따른 자원난을 해결하기 위해 개발한 화학물질 탓에 우리는 번영을 이루어왔지만 그 부작용 또한 만만치 않다. 인류가 합성 화학물질을 쓰기 시작한 것은 100년 남짓, 화학물질로 만들어진 제품들이 우리의 의식주를 이루고 있다. 이제는 일상생활에 없어서는 안 될 필수품이 되었고, 이를 부정하는 것은 인류문명 자체를 부정하는 것처럼 어려운 일이 돼버렸다.

이제는 외국에 가지 않아도 아르헨티나산 땅콩과 미국산 밀, 말레이시아산 쇼트닝으로 만든 땅콩과자를 먹을 수 있다. 국적을 알 수 없거나 생산방식을 알 수 없는 식재료가 한데 모여 스테이크 한 끼의 식사가 된다. 패스트푸드점에서 파는 햄버거는 어떨까? 불고기버거의 패티에 들어가는 소고기와 빵, 빵에 들어간 우유, 소금, 설탕은? 햄버거빵에 뿌려진 고소한 참깨, 패티에 들어간 간장과 착향료도 마찬가지이다.

화학비료, 농약, 첨가물이 나쁜 이유는 몸속에 들어와 인체에서 중요한 역할을 하는 생체화학물질과 반응하여 정상적인 작동을 교란시키는 독소로 작용하기 때문이다. 물론 쌀이나, 콩, 채소 등에도 조금씩 독성이 있지만 이 식품들은 인간이 오랫동안 섭취하면서 인체가 나름대로 판단하여 그것을 에너지화하거나 배출, 분해할 수 있어서 우리 몸을 크게 교란시키지 않는다. 하지만 인간이 합성한 물질은 새로운 것이어서 인체가 이것을 어떻게 처리해야 할지 몰라 혼란을 일으킨다.

〈내 아이에게 대물림되는 엄마의 독성〉의 저자 이나즈 노리히사 박사의 말에 따르면 지금까지 만들어진 합성 화학물질은 그 종류만 해도 1,000만 가지에 이른다고 한다. 이는 본래 지구상에 없었던 물질이다. 편리하고 쾌적한 생활을 위해 개발했지만, 부작용들이 나타나기 시작한 것은 20세기 후반부터다. 갑상선 질환, 고혈압, 당뇨병, 고지혈 등 내분비계 이상의 병증도 급증했다. 1960년대에는 중대한 인공 화학물질 사건이 세계 곳곳에서 일어났다. DDT 살충제 사건, 고엽제 후유증, 수은이 함유된 어패류 섭취 등으로 많은 인명을 잃었다. 이런 사건들은 대량 살포에 의해 반응이 나타난 경우다. 위해한 화학물질이 대량 살포된 경우를 제외하고 화학물질의 독성은 어느 정도 시간이 지나야 서서히 제 모습을 드러내는 특징이 있다. 몸속에 일정량이 축적돼야 유해성이 나타나는 화학물질도 있다. 더욱이 석유에서 만들어진 화학물질은 축적되더라도 본래 성질을 그대로 유지하는 특성이 있다.

무엇보다 염려스러운 점은 임신부 몸속에 쌓인 화학물질의 독성이 태아에게로 대물림되는 현상이다. 미국의 환경 연구단체는 신생아 10명의 제대혈(탯줄 속 혈액)을 조사한 결과 무려 180종의 발암물질과 217종의 독성물질이 발견됐다는 사실을 발표해 충격을 주고 있다. 화학물질의 독성은 오염된 공기, 화학조미료, 가공식품, 화장품, 합성세제 등 다양한 경로를 통해 아이의 건강을 위협하고 있다. 한마디로 우리는 독성물질 과잉 또는 만능 시대를 살아가고 있다. 이러한 환경에서 현명한 소비자가 되는 것은 곧 목숨과 직결된 문제임을 명심하자.

일회용 기저귀가 친환경 용품이라고?

요즘 시중에 판매되는 일회용 기저귀 포장에 '친환경 기저귀' 혹은 '유기농 기저귀' 라는 문구가 도드라지게 보인다. 게다가 '프리미엄' 이라는 말까지 붙으면 가격이 10~20% 비싸다. 기저귀 이름 자체에 네이처(nature) 혹은 오가닉(organic)을 붙이는 경우도 허다하다.

기업들이 '친환경'과 '유기농', '프리미엄', '네이처', '오가닉'이라는 문구를 내세워 일회용 기저귀를 포장하는 이유를 잠시 생각해보자.

일회용 기저귀는 기본적으로 화학물질의 복합체다. 화학공업의 발달이 만들어낸 산물이 일회용 기저귀다. 그것이 유아용이든, 성인용이든 일회용 기저귀에는 여러 개의 화학물질이 함유되어 있다는 사실은 바뀌지 않는다. 일회용 기저귀는 화학물질로 만들 수밖에 없기 때문에, 그래서 엄마들이 그 위험성에 대해 꼼꼼히 따져든다. 그러니 친환경이니, 유기농이니 하는 수식어를 붙여 기업들이 '안심 마케팅'을 펼치는 것이다.

요즘 아이를 키우는 엄마들에게 일회용 기저귀는 육아필수품 중 하나다. 일회용 기저귀를 사용하지 않고 아이를 키울 수 있는 방법은 딱 한 가지밖에 없다. 천기저귀를 쓰는 것이다. 천기저귀 사용 인구에 대한 공식통계는 없지만, 그 숫자가 극히 드물다는 것을 우리 모두가 잘 알고 있다.

지난 1983년 국내에 첫 출시된 뒤, 어느덧 물티슈, 유모차, 아기띠 등과 함께 일회용 기저귀는 육아필수품으로 깊숙이 자리매김 했다. 국내 시장규모가 연간 약 6,000억 원 정도까지 치솟은 현재, 누군가에게는 불편할 수도 있지만, 아이를 키우는 부모라면 한번쯤 고민해 봐야 할 새하얀 기저귀의 비밀에 대해 이야기해 보자.

일회용 기저귀 1개당 폐기물 부담금 5.5원

화학물질의 위험성을 논할 때 중요하게 생각해야 하는 부분이 있다. 그것은 바로 화학물질에 어떻게 얼마나 노출되느냐는 것이다. 그런 면에서 일회용 기저귀는 우리가 매우 유심히 살펴봐야 하는 제품이다. 일회용 기저귀는 하루 24시간, 최소 2년 넘게 면역력이 약한 아기와 함께하기 때문이다. 아기 입장에서 보면, 엄마 품에서보다 훨씬 더 많은 시간을 기저귀와 보내는 것이다. 게다가 그곳은 신체 중 가장 민감한 부위가 아닌가?

일회용 기저귀의 안전성을 이야기할 때 그동안 가장 많이 다뤄졌던 문제는 바로 1급 발암물질인 다이옥신의 검출이다. 일회용 기저귀는 크게 안감, 흡수층, 방수층, 고정 테이프로 구성돼 있는데, 바로 흡수층에 들어가는 펄프를 만드는 공정에서 염소가스가 사용되던 시절이 있었다. 지금은 대부분의 기저귀 회사들이 염소가스와 관련 없는 펄프로 교체하면서 다이옥신 검출 논란은 사그라졌다.

하지만 일회용 기저귀를 소각하는 과정에서 다이옥신이 검출되는 문제는 여전히 논란거리다. 연간 국내에서 발생하는 기저귀는 약 24만 톤으로 추정되는데, 55% 정도는 소각되고 45% 정도는 매립 처리되고 있다. 소각 비용도 비효율적인 비용일뿐더러 암을 유발하는 다이옥신까지 배출되니 국가적 고민거리가 아닐 수 없다.

매립되는 기저귀도 수백 년간 썩지 않고 자연을 파괴한다. 일회용 기저귀가 완전 분해되기까지 100년~500년이 걸린다(일자형 기저귀 100년, 팬티형 기저귀 500년)는 통계는 이미 잘 알려져 있다. 일회용 기저귀는 한 아기의 몸에서만 하루에도 수십 개씩 쓰였다 버려지지만, 그 아기가 성장해 일생을 누리고 늙어 죽고 나서도 이 땅 어디에선가 존재하고 있는 것이다. 또 다른 형태로 우리 자손의 건강을 위협하면서 말이다.

그래서 일회용 기저귀 1개당 5.5원의 폐기물 부담금이 붙는다. 제조원가의 약 5%에 해당하는 금액이다. 한 해 기저귀 시장이 약 6,000억 원 규모라는 점을 감안할 때, 연간 130억 원이 일회용 기저귀 폐기물 부담금으로 걷히고 있는 셈이다. 물론 이 돈은 소비자들의 주머니에서 나온다는 게 환경단체들의 지적이다. 폐기물 부담금이 인상될 때마다 기업은 손실을 만회하기 위해서 슬그머니 소비자가격을 인상하고 있는 것이다.

'보송보송' 기저귀의 비결, 그 이면에는…

"아기 기저귀를 갈려고 했더니 엉덩이랑 그 아래쪽에 갈색 고무줄 같은 게 잔뜩 묻어 나온 적이 있었어요. 한 개만 그런 게 아니고 몇 개째 그러기에 콜센터에 전화했더니 이미 알고 있다는 말투로 '남아 있는 거 회사로 보내주시면 다른 제품으로 보내 드리겠다'고 하더라고요."

15개월 된 아들을 둔 이혜원(31세) 씨가 1년 전 겪은 일이다. 이씨

는 아기 피부에 문제가 생기는 건 아닌지, 몸에 들어가지는 않았을지 걱정돼 콜센터에 전화한 것이었는데, 콜센터 직원은 '다른 회사 제품도 다 나온다, 인체에 무해하다'는 식의 기계적인 답변만 할 뿐 별다른 설명이 없었다. "묻어 나온 것이 정확히 어떤 건지만 설명해줬어도 답답하지 않았을 것"이라고 이씨는 덧붙였다.

이씨가 발견한 갈색 고무줄의 정체는 일회용 기저귀의 핵심기술인 고분자흡수체라는 화학물질이다. 일회용 기저귀를 찢어 털어보면 소금처럼 떨어지는 아주 작은 알갱이가 있는데, 그게 바로 고분자흡수체다. 이 알갱이는 자기 몸의 약 300배에 달하는 액체를 흡수한다. 한 번 흡수하면 재배출을 하지 않는 제어력이 매우 높은 화학 물질이다. 이 고분자흡수체를 어떻게 다루느냐에 따라 '기저귀의 보송보송함'이 좌우된다.

고분자흡수체는 제조 기업에 따라 SAM(Super Absorbent Material), SAP(Super Absorbent Polymer) 등 다른 이름으로 불리지만, 모두 아크릴계 유기화합물로 보면 된다. 화학회사들은 이를 사업성이 좋은 물질로 판단하고, 보다 흡수력이 높은 물질을 개발하기 위해 연구에 힘쓰고 있다. 하지만 이 고분자흡수체를 소비하는 이들을 위해서 성분 정보를 공개하는 조치를 취하거나 유해성 여부를 검토하는 연구를 진행하는 데는 관심이 없다. 더군다나 일회용 기저귀 내 고분자흡수체의 함량 허용치에 대한 기준도 국내에 마련돼 있지 않은 실정이다.

"고분자흡수체는 유기화합물뿐 아니라 폴리프로필렌 등의 플라스틱류도 필름 상태로 들어가고, 열안정제·산화안정제 등 환경호르몬이 발생하는 물질이 들어가기 때문에 인체에 직접 접촉했을 때 완전히 안전한 물질이라고 말할 수 없다. 인체에 미치는 유해 정도가 얼마만큼인지 측정한 자료가 없어서 얘기를 못 하는 것이다."

배재근 서울과학기술대학교 환경공학과 교수의 말이다. 배 교수는 인터뷰에서 일회용 기저귀에 사용되는 고분자흡수체의 위해성

의혹과 관련해 "누군가가 연구해서 정말 안전한 게 맞는지 지적해야 하는 문제"라고 목청을 높였다.

이 고분자흡수체의 위험 가능성에 대해 국내 언론은 한 번도 제대로 다룬 적이 없다. 이와 관련한 연구를 진행한 연구기관이나 학자가 지금까지 한 명도 없기 때문에 언론에서도 관심을 두지 않는 것이다. 그렇다면 외국의 경우는 어떨까?

〈베이비뉴스〉가 구글 검색을 통해 확인한 결과, 미국의 대안언론인 〈알터넷(Alternet)〉은 이 고분자흡수체에 대해 "아기 기저귀에 사용 시 독성 여부에 대한 논란이 있다. 오래전 독성쇼크증후군을 유발한다고 해서 탐폰(체내형 생리대)에 사용을 중단했던 물질"이라며 "유해성에 대해서는 여자아이의 요로 감염에 영향을 끼친다는 연구가 있다. 이게 아니더라도 흡수한 채로 오래 교체하지 않았을 경우 발진이 생기는 단점도 있다."고 보도했다. 미국의 의학건강 전문 저널 〈더 헬스 와이즈 리포트(The Health Wyze Report)〉는 "포도상구균 감염에 연루돼 있다."고 밝혔다.

기저귀 업체에 공통질의서 보냈더니…

일회용 기저귀를 생산하는 국내 대표적인 기업들의 입장은 어떨까? 〈베이비뉴스〉는 국내 대표 일회용 기저귀 회사인 유한킴벌리와 L사, 그리고 K사에 일회용 기저귀의 성분과 생산 공정, 안전성 등에 대한 공통질의서를 보냈다. 이 질의서에는 고분자흡수체의 위해성에 대한 기업의 입장을 듣기 위한 목적으로 '대소변이 흡수된 채로 기저귀를 장시간 착용했을 때 나타날 수 있는 문제들은 어떤 것들이 있는지 궁금하다'는 질문도 담았다.

각 기업들의 반응은 제각각이었다. 가장 먼저 반응을 보인 K사는 "대외비적 질문이라서 답변이 불가하다"며 "죄송하다"고 전해왔다. L사는 질의서에 묵묵부답이었다. 전화연결도 너무나 어려웠다. 유한 킴벌리만이 "일회용 기저귀에 대한 오해를 불식시킬 수 있길 바란 다"는 말과 함께 꼼꼼한 답변을 보내왔다. 하지만 고분자흡수체의 위험성과 관련한 핵심 질문에 대해서 속 시원한 이야기는 들을 수 없었고 다음과 같이 답변했다.

"소변의 경우, 기저귀 제품이 충분한 흡수력을 가지고 있어 새는 일이 거의 없고, 기저귀 내부의 수분을 신속하게 배출하는 통기성 자재를 사용하고 있다. 하지만 젖은 기저귀를 너무 오래 착용하고 있을 경우, 아기의 피부 건강에 안 좋은 영향을 줄 수 있기 때문에 적당한 시기에 갈아주는 것이 필요하다. 달리 얘기하면 최대 흡수량이 높다고 좋은 것이 아니란 것이다. 기저귀 흡수력은 역류량, 순간흡수율, 흡수시간, 최대흡수량 등으로 다양하게 평가되며, 위생적으로 사용할 수 있는 조건을 감안해 각 속성별로 최적화된 수준을 유지하는 것이 좋다. 대변의 경우 대변을 본 후 즉시 기저귀를 교체해 주지 않으면 피부에 묻은 대변의 영향으로 바로 발진이 발생하기 때문에 소변에 비해서 훨씬 더 주의가 필요하다."

일회용 기저귀, 어린이용품 체계 안으로

사실 일회용 기저귀는 물티슈보다 엄마들이 더 민감하게 생각하는 유아용품이다. 한국소비자원 통계에 따르면 2009년부터 2011년까지 기저귀 관련 소비자 상담은 402건이었고, 그 중 발진, 이물질 발견 등 안전 및 품질에 관한 상담이 218건으로 54%를 차지했다. 이는 유사한 용도의 생리대에 비해 약 4배나 높은 수치이며, 엄마들이 안전성에 대해 민감하게 생각하는 물티슈보다도 5.4배 높은 수치다.

하지만 일회용 기저귀의 안전성을 담보하기 위한 법적·제도적 장치는 그리 촘촘하지 못한 것이 현실이다. 일회용 기저귀는 품질경영 및 공산품안전관리법에 의한 자율안전확인 대상 공산품에 해당한다. 기업이 자율적으로 안전관리를 실시하고 안전기준에 적합한 제품임을 시험기관(정부)에 신고한 뒤 자율안전확인 마크를 부착한 뒤 유통하면 되는 제품인 것이다. 국가기술표준원이 일회용 기저귀에 대한 자율안전확인 안전기준을 만든 것도 2007년 1월 24일로 그리 오래되지 않았다.

2014년 2월 28일 국회에서 일회용 기저귀의 안전성을 높이기 위한 환경보건법 개정안이 의결된 것은 의미 있는 진전이었다. 개정안의 핵심은 일회용 기저귀나 물티슈(물휴지) 등이 환경유해인자에 대한 위해성 평가가 제대로 이뤄지지 않고 있는 문제점을 개선하기 위해서 어린이용품 안전관리체계를 적용받도록 한 것이다. 일회용 기저귀가 국내에 출시된 지 31년 만에 어린이용품 체계 안으로 들어온 것이다.

최예용 환경보건시민센터 소장은 "기업이 아무리 일회용 기저귀

에 친환경, 유기농이라는 수식어를 쓴다 해도 일회용 기저귀는 결국
한 번 쓰고 버려지는 일회용품이고, 화학물질 덩어리"라면서 "제조
사는 기술개발로 신규 화학물질을 사용할 때 그 안전성을 확인해 소
비자에게 알려주는 게 우선이다. 특히 성분 자체에 유해성이 없더라
도 소비자가 각기 다른 사용 환경에서 이용할 때 어떤 영향들을 미
치는지 종합적으로 측정하고 밝혀야 하는데, 절대 그러지 않는다."
고 지적했다.

또 "기존 확인됐던 유해 화학물질이 어린이용품의 안전관리체계
관련 법에 따라 관리되더라도, 신규 물질이 제품에 사용됐을 때 제
조사가 그 안전성을 증명했는지 기관과 언론이 지켜보고 알릴 수 있
어야 할 것"이라고 덧붙였다.

천기저귀 쓰면 미개한 엄마라니요?

일회용 기저귀가 사랑받는 가장 큰 이유는 편리함 때문이다. 천기저귀와 비교할 수 없을 정도로 일회용 기저귀는 편리하다. 흡수력도 엄청나게 뛰어나다. 일회용 기저귀를 한번 쓰기 시작하면 이 치명적인 매력에서 헤어나오기란 여간 어려운 일이 아니다.

우리나라에 일회용 기저귀가 출시된 지 31년 만에 연간 시장규모가 6,000억 원에 이르렀다는 것은 일회용 기저귀의 파급력이 얼마나 큰 지 가늠케 한다. 아이를 키우는 부모들이 일회용 기저귀를 쓰는 것은 너무 당연한 것이 됐다. 절대 다수의 선택은 천기저귀가 아니라 일회용 기저귀다.

그런데 우리가 주목해야 할 점은 천기저귀를 쓰는 사람들에 대한 인식이 변했다는 것이다. '유난 떠는 엄마들이 쓰는' 또는 '집에서 한가하게 아이 키우는 엄마들이 쓰는' 것으로 치부하거나, 천기저귀를 쓴다고 하면 미개인 취급하는 이들도 있다.

아이의 건강을 위해서 편리한 삶을 거부하는 것이, 그리고 화학물질의 위험으로부터 아이를 지키는 일이 언제부터 유난 떠는 일이 되고 말았을까?

이러한 인식의 변화는 우리 사회가 해결해야 할 과제까지 망각하게 만들고 있다. 기저귀 회사들은 그동안 일회용 기저귀의 개선을 위해 부단히 노력해 왔지만, 아직까지 안전성 문제를 말끔하게 해결하진 못했다. 특히 고분자흡수체의 안전성 문제는 반드시 점검해야 할 과제다.

우리 사회에는 소수이기는 하지만 여전히 천기저귀를 쓰는 이들이, 그리고 천기저귀 보급을 위해 노력하는 이들이 있다.

편한 것 선택할 수도 있었지만…

"나부터도 이게 몸에 좋은 걸 느끼는데 말 못 하는 어린아이는 오죽하겠느냐?"

8개월 된 아들을 키우는 유연정(32세) 씨는 천생리대를 사용하는

덕분에 아이에게도 자연스럽게 천기저귀를 사용하게 됐다. "출산 전
에 기저귀를 사놓으려고 인터넷을 뒤져보니 대부분의 정보가 업체
가 고용한 리뷰단을 통해 단점은 없고 장점만 부각된 경우가 많아
마트에서 제품을 비교해 보고 구입했다."고 그는 덧붙였다.

"처음에는 하루 15장도 사용하던 기저귀가 지금은 개월 수가 늘면
서 하루 8~10장 정도로 줄었어요. 설사병이 났을 때 하루 20장까지
써봤고요. 총 25장 가지고 있는데 요즘은 거의 16~17개 정도 빨아
서 돌려서 써요. 자주 갈고 빨래하는 걸 두고 주변에서 '대단하다',
'그걸 어떻게 하느냐' 는 말들을 종종 하는데, 제가 유난스러워서 천
기저귀를 사용하는 건 아니거든요. 아이가 밤잠이 길어지면서부터
잘 때만 일회용 기저귀를 채워주는데 많이 간지러워 해요. 명절 때
집을 비우면서 3일간 일회용 기저귀를 썼는데, 아기 엉덩이에 빨갛
게 알레르기 반응이 생겨서 놀랐어요."

유씨는 "천기저귀를 사용하며 느끼는 장점이 더 많아서 단 하나의
단점인 빨래 처리가 전혀 버겁게 느껴지지 않아요."라고 말했다. 또
한 유씨는 "천기저귀를 처음 살 때 초기비용이 조금 들었지만 길게
보면 매월 기저귀 비용 부담이 없다는 점, 일회용 기저귀를 잠깐만
사용해도 발생하는 발진 문제가 생기지 않아 좋다는 점, 집안에서
냄새가 나도 차곡차곡 모았다가 버려야 하는 쓰레기 부담이 없는
점"을 천기저귀의 장점으로 꼽았다.

24개월 된 남자아기를 키우고 있는 한다솜(34세) 씨는 출산 이후 지금까지 천기저귀를 꾸준히 사용하고 있다. 천기저귀를 이미 쓰고 있던 친구에게서 추천도 받은데다 출산 전에 기저귀 공장을 방문한 적이 있는데 그때 일회용 기저귀의 단점에 대해 물었더니 직원들이 딴소리만 하는 것을 보고 천기저귀를 사용해야겠다고 확고히 마음먹었다고 한다.

"처음에 천기저귀를 쓴다고 하니까 주변에서 모두 반대했어요. 너무 힘들고 귀찮은데 그걸 왜 하냐고요. 근데 그렇게 말씀하신 분들은 천기저귀를 한 번도 안 써보신 분들이었거든요. 출산 이후 사귄 친구들 중에 천기저귀를 쓰는 친구들이 종종 있는데, 대부분 현대적인 방법들을 지양하는 가치관을 가진 사람들이에요. 물론 일회용 기저귀를 사용하는 것보다 기저귀 비용도 많이 절약되고요."

천기저귀를 쓸 수밖에 없었던 이유

4살이 된 민경이는 기저귀를 차던 시절에 엉덩이가 새빨갛고 진물이 마르는 날이 없었다. 너무 아파서 울어대는 딸을 보는 엄마 이은영(34세) 씨의 마음은 항상 무거웠다. '내가 뭘 잘못해서 그런 것은 아닌지…' 그러던 중 이씨는 어린이집 선생님으로부터 천기저귀 사용을 권유받았다.

"직장 때문에 아이가 8개월 됐을 때 어린이집에 맡기면서 마음이 많이 무거웠어요. 그런데 기저귀 피부염 때문에 아이가 너무 고통스러워해서 어린이집에서 전화 받고 몇 번을 달려가야 했어요. 선생님 권유로 천기저귀를 쓰고 3주 정도 지나니까 상태가 좋아지더라구요. 그때부터 기저귀 뗄 때까지 천기저귀를 사용했죠. 24개월쯤 기저귀 뗐던 걸로 기억해요."

이씨에겐 그야말로 기적 같은 일이었다. 일회용 기저귀를 쓰다가 천기저귀로 바꾼 것밖에 없는데….

민경이를 돌봤던 키노어린이집 방대림 원장은 "지금까지 본 아기들 중 일회용 기저귀에 가장 민감한 아이였어요. 정말 많이 신경 썼지만 어떤 방법도 소용없었지요. 어린이집에서 천기저귀를 내내 쓰다가 주말에 일회용 기저귀를 몇 번 쓰고 오면 월요일에 다시 재발되어 결국 집에서도 천기저귀를 사용하기를 권유했지요."라고 말했다.

국민건강보험공단 통계에 따르면 우리나라 0~1세의 아기 14명 중 1명이 기저귀 피부염을 앓는다. 그리고 최근 들어 그 수치가 더욱 증가하고 있다. 2007년부터 2011년까지 5년 사이에 21%가 늘어난 것이다. 가장 최근 조사인 2011년 통계를 보면, 한 해 동안 6만 6,962 명의 0~1세 아기가 기저귀 피부염으로 병원 치료를 받았다. 일산병원 관계자는 "기저귀 피부염을 앓는 영유아 환자의 대다수는 일회용 기저귀를 사용하다가 병원을 찾아온 경우"라고 말했다.

천기저귀 보급 위해 노력하는 이들

천기저귀를 쓰는 어린이집이 있다는 것에 놀라는 이들이 많을 것이다. 민경이가 어린이집을 통해 천기저귀를 사용할 수 있었던 것은 바로 서울시의 친환경 천기저귀 지원사업이 있기 때문에 가능했다. 서울시는 지난 2012년부터 이 사업을 진행하고 있다. 첫해 시범사업 때 4개구 500명의 아이가 이 사업의 혜택을 받았다. 현재는 15개구 1,461명 규모로 사업이 확장됐다.

친환경 천기저귀 지원사업은 천기저귀 세탁 부담을 덜어주는 것이 핵심이다. 민경이가 다녔던 어린이집은 2012년 시범사업 때부터 현재까지 천기저귀 서비스를 이용하고 있다. 천기저귀 서비스는 사회적기업 '송지(www.1004mom.net)'에서 맡아하는데, 송지는 전국에서 유일하게 천기저귀 서비스를 시행하는 기업이다. 영아 한 명당 월 5만 4,000원가량을 내면 서비스를 받을 수 있는데, 서울시가 70%의 비용을 지원하고 나머지는 학부모가 부담한다.

어린이집 관계자들은 아이의 정서와 건강뿐만 아니라 환경보호에도 일조하고 있다는 신념으로 친환경 천기저귀 지원사업에 동참한다고 했다. 키노어린이집의 방대림 원장은 엄마들의 만족도가 매우

높다고 말한다.

"엄마들이 더 좋아하세요. 직장 때문에 바빠서 집에서는 못 해주지만 어린이집에서라도 꼭 천기저귀를 써달라고 당부하십니다. 손이 많이 갈 것 같아 겁내시는 분들도 많은데 저희가 이용 중인 천기저귀 서비스는 천기저귀를 갈아주고 그대로 따로 담아뒀다가 업체에 보내고, 세탁한 걸 묶어서 배달해 준 상태로 바로 쓰는 거라서 힘들 게 거의 없어요. 그렇다 보니 저희를 통해서 가정에서도 아예 천기저귀로 바꾸시는 엄마들도 있고요. 쓰레기봉투 버리는 양은 절반 이상 줄었죠."

사회적기업 송지는 개인의 경우 영아 1인당 월 6만~7만 원에 천기저귀 제공, 수거, 세탁, 배송을 도맡아 해주고 있다. 천기저귀 사용을 고려하는 엄마가 비용 부담이나 사용의 불편을 느끼지 않도록 천기저귀에 쉽게 접근하는 게 서비스의 목표다. 천기저귀의 난점인 흡수력이 미흡한 점도 개선하기 위해 연구를 진행 중이다.

황영희 송지 대표는 "사회 · 환경적 측면에서 천기저귀 사용이 좋은 걸 모르는 분들은 거의 없다고 본다. 다만 현대사회에서 일하는 엄마들이 많아져 천기저귀 사용이 어렵다 보니 대부분 엄두도 못 낸다. 무조건 천기저귀 사용을 강요할 게 아니라 천기저귀를 고려하는 사람들이 각각의 상황에서도 편리하게 쓸 수 있도록 방법과 장치를 만들어주는 게 우리 같은 기업이, 또 지자체가 해줄 일이라고 생각한다."고 말했다.

"늘 가렵고, 따갑고, 아프고…, 생리통으로 크게 고생을 하다가 면생리대를 쓰고 나서 낫는 걸 경험하면서 좋은 것을 널리 알려야겠다는 생각으로 이 일을 시작하게 됐죠."

에코생협, 두레생협 등에서 판매되는 면기저귀 · 면생리대 생산업체 '개짐살이' 허필자 대표는 면기저귀와 면생리대 보급을 위해서 활동한 지 벌써 20년이 넘었다. 허 대표는 조합원들을 대상으로 '면 생리대와 면기저귀 직접 만들어 쓰기' 교육도 하고 있다.

"면생리대 만들기 교육을 하면서 꼭 면기저귀의 중요성을 이야기 하고 있어요. 면기저귀를 무료로 나눠 주는 일을 하기도 했죠. 하지 만 안타깝게도 면생리대에 비해서 면기저귀 보급이 잘 되지 않아요. 세탁에 대한 부담을 매우 크게 느끼는 것 같아요. 불편할 것이라는 두려움도 큰 것 같고요."

허 대표는 "어른은 스스로 아픈 것을 몸으로 느끼면서 면생리대를 선택하지만, 아이들은 스스로 선택할 수가 없잖아요. 아이들이 아프 고 답답하다는 것을 몸으로 이야기하고 있어요. 아이들의 마음을 부 모님들이 잘 알아주셨으면 해요."라고 전했다.

"유난 떤다는 편견 없어져야"

일회용 기저귀의 안전성 확보 문제를 논의할 때 천기저귀도 친환경적이지 않다는 지적이 뒤따르곤 한다. 오래전 이 와 관련한 연구조사가 진행된 적도 있다. 10년 전 시민환경연구소 활동가로 일할 때 천기저귀와 일회용 기저귀의 환경성 비교 연구를 진행했던 최예용 환경보건시민센터 소장의 이야기를 들어봤다.

"천기저귀도 오물을 분리하고 세제로 빨래하기 때문에 환경오염에 영향을 미친다는 사람들이 있다. 이는 일회용 기저귀를 만들며 발생하는 자원과 에너지의 낭비, 일회용 기저귀 폐기 후 발생하는 환경적 문제와는 전혀 다를뿐더러 비교 자체도 되지 않는다."며 천기저귀가 친환경적이지 않다는 지적을 일축했다.

또한 배재근 서울과학기술대학교 환경공학과 교수는 "일회용 기저귀를 지금 이대로 사용하고 폐기하는 걸 계속하면 그로 인한 환경 생태계 파괴는 결국 우리에게 돌아오는 게 당연한 것"이라면서 "일회용 기저귀를 만드는 기업이 제품과 성분의 안전성을 입증하고 정직하게 운영하며 재활용 방안 연구에 힘써야 할 것"이라고 지적했다.

베이비 로션, 더 순하다는 건 거짓말

"영유아용 화장품이라고 해서 광고가 보여주는 것처럼 특별히 더 순하거나 유해성분들이 전무하지는 않다. 영유아용 화장품은 지금 우리가 쓰는 성인용 제품과 크게 다를 바 없다. 조금 더 정확히 말하자면 어른의 화장품에 비해 아주 약간 순할 뿐이다."

NIC화장품연구소 이은주 대표의 말이다. 이에 덧붙여 "화장품 업계의 화려한 마케팅에 속지 말라."고 말한다. 이 대표는 화장품 회사에서 화장품 성분을 연구하는 일을 하다가 2008년 〈대한민국 화장품의 비밀〉이라는 책을 펴내어 화장품 업계를 발칵 뒤집어놓았던 인물이다.

이 대표는 "영유아용 제품이 정말 순하다면 당연히 성인용보다 보

관기간도 짧고 어린 피부에 필요치 않은 색소나 향료 등은 전혀 들
어가지 않아야 정상이다. 그러나 그 실체를 살펴보면 성인 제품에
들어가는 향료, 파라벤, 합성계면활성제 등의 유해성분들이 버젓이
함유돼 있다.”고 말한다.

파라벤만큼 독한 화장품 속 화학물질은?

영유아용 화장품을 고를 때, 반드시 성분 표기를
확인하는 습관을 갖자. 화장품 전성분 표기제에 따라 화장품에 사용
된 모든 성분이 함량 순서대로 표기되어 있다.

“최근 화장품에서 파라벤을 안 쓰는 추세다. 그러나 파라벤만큼이
나 독한 성분들이 여전히 들어간다. 페녹시에탄올(보존제)EWG 4등급,
합성 계면활성제, 향료 등이 바로 그것이다. 기업이 강조한 광고문
구를 보고 선택하지 말고, 각각의 성분을 따져보고 아기 피부에 바
를 제품을 고를 수 있으면 좋겠다. 면역체계가 바로잡히지 않은 아
기의 혈액과 호흡기에 침투될 유해물질을 최소한으로 줄여주는 게
엄마의 역할이다.”

이은주 대표는 화장품에는 수십 가지의 화학물질이 들어가는데,
부모들이 그중 가장 눈여겨보고 주의해야 할 것으로 파라벤을 대체
하고 있는 보존제인 페녹시에탄올과 함께 합성 계면활성제, 향료를

지목했다.

우선 페녹시에탄올은 사용된 지 얼마 안 되어 유해성에 대한 보고가 파라벤만큼 많지 않을 뿐, 이미 피부 알레르기 유발, 암 유발 등이 의심되는 물질로 지목돼 관련 연구가 한창인 화학물질이라고 이은주 대표는 설명했다.

합성 계면활성제는 모든 화장품에 들어가는 화학물질인데, 혼합 가능한 경우의 수가 많아 굉장히 다양한 방식으로 합성되는 게 특징이다. 합성 계면활성제 중 가장 나쁘다고 알려진 물질이 바로 소듐라우릴설페이트 EWG 1~2등급이다. 이 물질은 미국 환경연구단체인

EWG 외에도 여러 단체가 주요 발암 성분으로 지목한 바 있다.

석유 원료를 추출해 만드는 인공향료는 호흡기 질환은 물론 두통, 가려움증, 색소 침착 등이 대표적인 부작용으로 꼽힌다. "향을 내는 비결은 기업이 영업비밀로 공개하지 않기 때문에 어떤 물질을 써서 어느 방식으로 화합됐는지 실체를 알 수 없어 위험성이 더 높다."는 게 이은주 대표의 설명이다. 미국 국립과학원도 인공향료를 신경독성 검사에서 가장 먼저 다뤄야 할 유해 화학물질로 꼽고 있다.

영유아용과 성인용 화장품의 기준이 같다?

영유아용 화장품을 별도로 관리해야 한다는 요구가 끊임없이 제기되고 있지만, 식약처는 영유아용 화장품 기준을 만들어야 한다는 문제의식에 전혀 공감하지 않고 있다.

"임신하기 전에는 임산부와 영유아에 대한 화장품 가이드 기준 등 체계와 정보 공개가 이 정도로 열악한지 몰랐다."고 말하는 이은주 대표는 최근 가장 문제의식을 느끼고 있는 부분이 바로 현행 화장품법에 영유아용 기준이 전혀 없다는 점이라고 했다.

"직접 외국의 연구 결과와 보도 등을 찾아보니 영아의 혈뇌장벽(blood-brain barrier, 혈액에서 뇌조직으로 물질의 이행을 제한하는 관문으로, 뇌를 유해 화학물질로부터 차단하는 기능을 담당한다)이 형성되는 시

혈뇌장벽이
완전히 형성되는
6개월 이전까지는
아기 피부에 그 어떤
화학물질도 치명적일
수 있다.

기에 관한 논문이 있었다. 혈뇌장벽이 완전히 형성되는 6개월 이전까지는 아기에게 그 어떤 화학물질도 치명적일 수 있다는 내용이었다."

이은주 대표의 지적대로 우리나라 화장품법에는 영유아용 화장품을 관리하는 기준이 없다. 다시 말하면 영유아용 화장품을 만드는 기준과 성인용 화장품을 만드는 기준이 똑같다는 것이다. 단지 화장품 사용 대상이 누구냐에 따라 화장품 기업들의 광고문구와 마케팅 수단만 달라지고 있을 뿐이다.

화장품법을 보면, 영유아용 화장품이라는 문구가 있기는 하다. 화장품법 시행규칙 별표3은 '화장품 유형과 사용 시의 주의사항'을 다루고 있는데, 여기에 '만 3세 이하의 영유아용 제품류'라는 분류가 있다. 그런데 영유아용 샴푸와 린스, 로션과 크림, 오일, 인체 세정용 제품, 목욕용 제품 총 5개 제품군이 있음을 정리한 것에 지나지 않는다. 그나마 이런 문구가 명문화된 것은 2014년 9월의 일이다.

영유아용이나 어린이용 화장품 기준을 만들려는 노력이 아예 없었던 것은 아니다. 2011년 식약처 국감에서 곽정숙 전 민주노동당 국회의원은 "어린이는 성인에 비해 피부 표피층이 얇고 민감할 수 있기 때문에 별도의 화장품 기준이 필요함에도 별도 기준 없이 시판되고 있다."며 "어린이 제품에서 '어린이'가 몇 살을 지칭하는지, 영유아제품에 위해한 성분이 제외돼 있는지 등 구체적인 기준이 전혀 없다. 화장품 제조사에서 '어린이 제품'이라고 광고하고 판매만 하면 되는 것"이라고 지적했다.

곽 전 의원이 제시한 대안은 어린이들의 안전을 위해서 어린이용 화장품 기준을 만들어 관리하라는 것이었는데, 식약처가 뒤늦게 만들어놓은 것은 앞서도 언급했듯이 만 3세 이하의 영유아용 제품류를 정리한 것뿐이다.

영유아용 화장품 기준을 만들려는 움직임이 19대 국회에서도 진행되고 있기는 하다. 2013년 2월 안홍준 새누리당 국회의원을 비롯한 11명의 국회의원들은 영유아, 임산부, 노인에게 적용되는 별도의 화장품 안전성 기준을 마련하고, 이에 대한 품질인증 제도를 도입하는 것을 골자로 하는 화장품법 개정안을 발의했다.

"최근 피부가 일반인보다 민감한 영유아, 임산부, 노인 등 특별히 보호가 필요한 대상을 위해 특화된 화장품 출시가 증가하고 있다. 이러한 화장품을 사용할 때 더욱 주의를 기울여야 함에도 불구하고, 해당 화장품의 안전성에 대한 기준이 일반인에게 적용되는 것과 같이 그대로 적용되어 영유아, 임산부, 노인 등의 피부건강을 위협하고 있는 실정이다."

이러한 제안 이유에도 불구하고 이 개정안은 발의된 다음날 국회 보건복지위원회로 회부됐을 뿐, 아직까지 복지위 전체회의에 안건 상정조차 되지 못하고 계류돼 있는 신세다. 이처럼 안건 상정도 되지 못한 개정안에 희망을 걸어도 되는 걸까? 이 질문에 '그렇다'라고 답할 수 있는 사람은 아무도 없을 것이다.

영유아용 기준, 만들지 않는 이유가?

그렇다면 주무부처인 식약처의 의지는 어떨까? 〈베이비뉴스〉가 확인한 결과, 식약처는 영유아용 화장품 관리기준에 대한 검토가 무의미하다는 입장이었다. 식약처 관계자는 "상식적으로 생각해 봐라."며 기자에게 이렇게 답변했다.

"아기에게 발라서 해로운 성분이라면 성인에게도 마찬가지로 해로운 성분이라고 판단하기 때문에 따로 구별하고 있지 않다." 이는 영유아, 임산부, 노인을 위해 별도의 관리기준이 필요하다는 화장품법 개정안의 내용과 정면으로 배치되는 주장이다.

다만 이 관계자는 "파라벤류와 같은 성분은 규제가 엄격한 편에 속하는 유럽연합의 화장품법을 따라가려고 검토 중"이라고 단서를 달았다. 식약처는 유럽연합이 2014년 2월부터 화장품 제조에 사용을 금지하고 있는 이소프로필파라벤EWG 7등급, 이소부틸파라벤EWG 7등급에 대해 2012년에 '안전하다' 는 결론을 내린 것을 두고, 국정감사에서 지적을 받은 바 있다.

정부 관계자들에겐 '낯설 수도'(?) 있지만, 영유아의 경우 일부 화학물질에 대한 반응이 성인에 비해 강하게 나타날 수 있어 영유아에 대한 유해물질 관리기준이 별도로 마련돼야 한다는 것은 화학 독성물질을 다루는 학계를 비롯해 환경단체나 시민단체 등이 꾸준히 제기하고 있는 사안이다.

이주영 녹색소비자연대 본부장은 "아직 신체발달이 덜 된 아기들에게는 조금이라도 위험 가능성이 있는 물질이라면 화장품에 사용하지 않아야 한다는 것에 적극 동의한다. 덴마크나 유럽연합의 화장품 기준처럼 영유아에게 사용금지 성분을 정해주거나 성분 함량 기준을 강화하는 것이 물론 바람직한 방향이지만, 국내에 영유아 화장품 관련 기준이 과연 생길지에 대해서는 의문을 가지고 있다. 유기농 화장품이라는 분류 하나 정하는 데만 해도 수많은 절차를 거쳤고 엄청 오랜 시간이 걸렸다. 이런 상황에서 영유아 화장품 성분 규제가 생기길 기대하기 어렵다."라고 지적했다.

이어 "화장품에 '특정 성분'을 사용하지 말라는 게 아닌 '특정 문구'를 사용하면 안 된다는 규정들이 더 마련될 예정이다, 이렇게만 해도 소비자가 제품구매를 판단하는 데 도움이 된다. 영유아 화장품을 만드는 기업에도 이런 방식의 규제와 변화를 기대할 수 있어야 한다."고 덧붙였다.

김형식 성균관대학교 약학대학원 교수는 "최근 이슈로 떠올랐던 파라벤의 경우는 성인보다 유아, 어린이에게 독성이 더 강하게 나타날 수 있는 것이 맞다. 파라벤의 대체 보존제로 새롭게 등장하는 성분들도 완전히 믿기는 어렵다. 영유아용 제품군에 사용되는 화학물질에 대한 전반적인 유해성 평가와 함량 기준 설정이 돼야 한다."고 강조했다. 특히 김형식 교수는 "정부가 이런 일들에 나서야 할 것"이라고 주문했다.

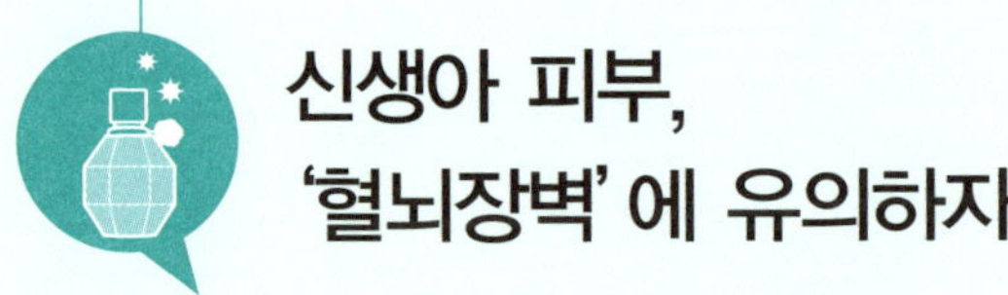

신생아 피부,
'혈뇌장벽'에 유의하자

요즘 엄마들이 아기를 낳으면 태반에서 샴푸 냄새가 난다는 이야길 전해 들은 적이 있다. 그만큼 많은 화학물질이 피부를 통해 몸속에 들어오고, 고스란히 쌓인다는 의미일 것이다. 따라서 피부가 약한 우리 아이들은 화학물질에 더 노출되기 쉽다. 어떤 점에 주의해서 화장품을 사용해야 할까?

우리 아기 피부에 직접 바르고 닿는 화장품인 만큼 엄마들은 인터넷도 찾고 꼼꼼하게 따져본 후 선택한다. 아이를 위해 선택한 화장품 성분, 과연 믿을 만한 걸까? 화장품에 대한 설명을 듣기도 하고 살펴보기도 하지만, 대부분의 소비자들은 성분보다 광고에 현혹되기 십상이다.

직접 피부에 바르는 로션뿐만 아니라 샴푸, 물티슈, 세정제, 향수 등 모든 것이 화장품이다. 요람에서 무덤까지 사용한다는 화장품, 어떤 기준으로 선택하면 좋을까?

NIC화장품연구소 이은주 대표가 전하는 안전한 화장품 선택 방법에 대해 알아보자.

신생아 피부의 특징은?

신생아 피부의 특징을 몇가지로 정리할 수 있다. **우선 신생아는 피부장벽 역할이 상대적으로 적고 피부 두께가 얇다.** 아이들 화장품에 대한 광고가 피부장벽을 중심으로 만들어진다. 즉 아기 피부의 특징을 정확히 알아야 광고를 정확히 이해하고 볼 수 있다는 이야기다.

또한 **신생아는 땀샘 기능이 저하돼 있다.** 아이가 땀을 흘린다거나 땀띠가 난다고 해서 에어컨 온도를 확 낮추면 안 된다.

세포 사이의 접착력이 약하고 피지선 기능이 저하돼 있음은 물론 멜라닌 세포 기능도 저하돼 있다. 멜라닌 세포는 기미, 잡티를 생기게 해 안 좋다고만 생각하지만 자외선으로부터 피부를 보호하는 역할도 한다. 하지만 신생아들은 멜라닌 세포 기능이 저하돼 있기 때문에 자외선 차단제를 반드시 발라줘야 한다.

신생아는 세균 감염도 어른보다 잘된다. 당연히 외부균에 대해 어른보다 빨리 피부반응이 나타날 수밖에 없다.

이 중에서 엄마가 꼭 기억해야 할 것은 '피부장벽'이다. 피부는 맨 위에 있는 표피, 진짜 피부라고 일컫는 진피, 피하지방으로 이뤄져 있다. 피부장벽은 각질층에 있다. 보통 '때'라고 이야기하는 것이 각질이다. 각질은 피부의 수분이 날아가지 못하게 할 뿐만 아니라 균을 막아주는 역할도 한다. 어른들은 잘 발달돼 있지만, **기능이 발달하지 못한 신생아는 수분 손실과 균의 공격을 받을 수밖에 없다.** 이것이 아이들에게 보습이 중요한 이유다.

우리 아이에게 꼭 필요한 화장품은?

✽ 보습제, 어떤 보습제가 좋은 보습제일까?

각종 추출물을 포함한 많은 성분이 들어간 보습제와 최소한의 성분으로 이뤄진 보습제 중 어느 것이 더 아이에게 좋을까? 각종 추출물이 들어간 화장품은 식물성 추출물 20여 가지 들어가 있고 가격은 그만큼 비싸다고 가정할 경우에 말이다. 아마도 엄마들은 화학성분이 적게 들어간 최소한의 성분으로 만든 보습제를 선택할 것이다.

하지만 엄마들이 알아야 할 건 모든 식물이 피부에 모두 이로운 건 아니라는 사실이다. 오히려 잘못된 식물성 추출물은 아토피를 불러올 수도 있다. 화학성분이 무조건 나쁘다는 인식이 자리잡다 보니 자연스레 식물성 추출물이 안전하다고 생각한다. 하지만 근거 없는 식물성 추출물은 우리 아이에게 맞지 않을 수 있다. 화장품 성분을 들여다보면 향료나 색소가 들어 있다. 보습제에 들어 있는 향료나 색소는 보습과 전혀 관련이 없다. 향수나 방향제를 모두 치우자. 아이의 호흡기로 들어와 기관지가 안 좋아질 가능성이 있기 때문이다.

대부분의 화장품에 들어 있는 페녹시에탄올은 방부제다. 파라벤 대신 등장했지만 아이에겐 위험할 수 있으니 이 성분이 함유된 화장품 제품도 피하자.

그렇다면 연령에 맞게 보습제를 바꿔야 할까? 화장품법은 만 3세 이하 영유아에게는 영유아용 샴푸와 린스를 쓰라고 나와 있다. 하지만 영유아용 화장품에는 '이 성분은 유해하니 함유해서는 안 된다'라고 정해놓은 명백한 기준이 없다. 엄마들이 철저하게 성분을 살피고 선택하는 수밖에 없다. 어른들이 많이 쓰는 화장품일지라도 안전한 성분이 들어 있다면 아이와 엄마가 함께 써도 좋다.

✳ 자외선 차단제, 아이용으로 어떤 제품을 구입할까?

SPF는 보편적으로 몇 시간 동안 자외선을 차단하는지를 나타내는 지수로 알고 있다. 숫자가 높은 게 좋다고 생각하지만 그렇지 않다. 예를 들어 SPF15는 자외선 100이 내려쬐면 100을 1/15로 줄여준다는 뜻이다. 집에만 있는 아기라면 SPF15도 충분하다. 아이가 밖을 돌아다닐 나이가 되면 SPF30을 사용하면 된다. 호주 사람들은 SPF30 이상은 사용하지 않는다. 그 이상은 필요하지 않기 때문이다.

자외선 차단제를 사용할 때 중요한 건 양이다. SPF50을 사용하더라도 제대로 된 양을 쓰지 않으면 무의미하다. 발랐을 때 조금 과하다 싶을 정도로 발라주고, 2~3시간마다 덧발라주는 것은 기본이다.

아이는 언제부터 화장품을 사용해야 할까?

이에 대한 실험도 없고 결과도 없다. 영국에서 한 실험을 참고하면 생후 6개월까지는 화학물질을 사용하지 말라고 한다. 몸에 들어온 화학물질들이 혈액을 타고 뇌로 가지 못하도록 하는 역할을 하는 것이 '혈뇌장벽'이다. 아기는 생후 6개월까지 혈뇌장벽의 기능이 완전하지 않기 때문에 사용하지 말라는 결론이다.

생후 6개월 전이라면 샴푸·선크림·보습제 사용보다는 물세안, 보습제 대신 호호바나 올리브 오일 등으로 보습을 해주는 것이 좋다.

아기를 너무 자주 씻기는 것은 오히려 좋지 않다. 일주일에 2~3번 정도가 적당하다. 아이가 더워서 땀띠가 났다면 물로 한번 헹궈준다 생각하고 씻기자. 너무 지저분하다면 거즈 수건으로 꼼꼼히 닦아주자.

임신부가 반드시 피해야 할 3가지 화장품 성분

✽ 염색 제품

임신부라면 쓰지도 말고 가까이 하지도 말자. "첫째 아이 때는 염색을 안 했는데 둘째 아이를 가졌을 때는 그냥 했어요. 괜찮던데요?"라고 말하는 임신부들이 많다. 하지만 모르는 일이다. 주의해야 한다. 머리를 자르러 미용실에 갈 때도 주의해야 한다. 옆자리 손님이 파마나 염색을 할 경우, 휘발성이기 때문에 냄새가 임신부 코로 다 들어온다. 엄마 몸속으로 들어온 성분은 아이가 그대로 접한다.

✽ 합성 계면활성제

설거지할 때 고무장갑을 반드시 끼자. 꼭 껴야 한다. 이 밖에도 향수 및 방향 제품은 임신부라면 집에 두지 말자. 코로 들이마셔서 호르몬을 교란시킨다.

특히 딸을 임신한 엄마라면 더 조심해야 한다. 환경호르몬은 모든 임신부들에게 치명적이지만 뱃속에 있는 딸아이는 난자가 만들어져 있기 때문에 엄마가 환경호르몬에 노출되면 만들어진 난자에도 영향을 미친다. 남자아이들은 사춘기를 거치면서 정자가 만들어지기 때문에 비교적 괜찮다.

✽ 네일케어

임신 기간에는 네일아트의 취미도 잠깐 멈추자. 아이가 태어나서도 3살까지는 참자. 요리하면서, 이유식을 만들면서 손톱에 바른 화학물질 성분이 알게 모르게 들어갈 수 있다. 아이가 아무도 모르게 화학물질을 접하게 되는 순간이다.

제2장

다음 세대로 전달되는 독성물질

모유 속 환경호르몬,
그대로 아기 몸속으로

"아기는 엄마가 주는 대로만 받는 건데 내가 무슨 잘못을 한 건 아닐까요?"

지난 3월 방영되었던 EBS 〈하나뿐인 지구〉의 '모유잔혹사' 편의 내용은 모유수유를 하고 있는 엄마들에게 적지 않은 파장을 일으켰다. 방송을 위해 모유 분석에 참가했던 엄마들 중 울먹이지 않은 엄마가 없었다. 수유 1개월째인 엄마부터 10개월째인 엄마까지 다양한 수유 경력을 가진 엄마 참가자들은 자신들의 모유에 무엇이 들어 있는지 전혀 몰랐던 것이다.

맵고 짠 음식 피하기는 물론 몸에 좋다는 과일주스를 매일 챙겨 마시고, 되도록 외식도 피해왔다는 엄마들의 노력을 비웃기라도 하듯 모유 분석 결과는 엄마들의 예상을 빗나갔다.

엄마들이 그렇게 믿어왔던 모유 속에는 다양한 화학물질이 들어 있었다. 비스페놀A, 살충제 DDE와 DDT, 브롬계 난연제(PBDEs), 과불화탄소(PFCs) 등 이름마저 생소한 화학물질들이 검출됐다. 엄마들 스스로도 어디서 어떻게 노출돼 모유에까지 들어가게 됐는지 전혀 예상치 못했다.

실제로 모유에 환경호르몬이 검출됐다는 사실은 하루이틀 이야기가 아니다. 관련 연구와 실험은 끊임없이 지속돼 왔지만 모유의 이점 속에 묻히기 일쑤였다.

2014년 한국보건산업진흥원의 '유해물질 노출 추이 분석을 위한 모유 수집 및 시료분석 연구'에 따르면 3~7월 전국 4개 권역(서울, 경기·인천, 충청, 영남)에서 표본 추출된 수유 엄마 264명의 모유와 생활 및 음식 습관을 분석한 결과 종이포장 배달 피자를 많이 먹는 엄마의 모유는 과불화화합물인 퍼플루오로옥탄설포닉애씨드(PFOS : Perfluorooctanesulfonic acid)의 농도가 높은 것으로 나타났다.

과불화화합물은 대표적인 환경호르몬 물질로, 1950년대부터 계면활성제와 표면처리제의 원료로 사용되고 있다. 코팅 종이·음식 용

임신부는 특히
플라스틱 재질의
용기 사용이니 일회용
식품포장과 전자레인지를
이용한 조리를
삼가야 한다.

기 등에 함유돼 있다.

그러나 최근 연구에서 과불화화합물이 인체의 뇌와 신경·간에서 독성을 유발하고 신생아의 몸무게와 지능 발달에 악영향을 주는 것으로 밝혀지면서 선진국 등에서는 규제에 앞서고 있다.

과불화화합물만이 모유에 들어 있는 것은 아니었다.

사단법인 한국식품커뮤니케이션포럼에 따르면 서울대 보건대학원 최경호 교수팀이 2012년 4~8월 서울 등 전국 4개 도시 5개 대학병원에서 분만한 지 1개월 된 산모 62명의 모유에서 디에틸헥실프탈레이트(DEHP)·디니트로부틸프탈레이트(DnBP) 등의 환경호르몬 물질이 검출되었다. 이를 분석한 결과, 신생아가 모유를 통해 매일 섭취하는 DEHP의 양은 아이의 체중 kg당 0.91~6.52μg 수준인 것으로 나타났다.

또한 신생아는 모유를 통해 프탈레이트의 일종인 DnBP도 섭취하는 것으로 조사됐다. 하루에 아이의 체중 kg당 평균 0.38~1.43μg씩 섭취하고 있다는 충격적인 결과였다.

최경호 교수는 "모유를 먹은 62명의 신생아 중 5명(8%)은 하루 섭취제한량을 초과하는 DEHP를 섭취하는 것으로 밝혀졌으며, "4명(6%)은 DnBP를 1일 섭취제한량 이상 섭취하는 것으로 추산됐다."고 지적했다.

DEHP는 국내에서 약 20년 전 유아용 분유에 들어갔다는 보도가 나오면서 대형식품 파동을 일으켰던 화학물질이다.

최 교수는 "이번 연구결과를 아이에게 모유를 먹이지 말아야 한다는 의미로 받아들여선 안 된다."며 "산모가 플라스틱 재질의 용기 사용을 가능한 삼가고 랩 등 일회용 식품포장과 전자레인지를 이용한 조리를 줄이면 모유 내 DEHP · DnBP 등 프탈레이트 함량을 대폭 낮출 수 있다."고 조언한다.

분명 모유는 알려진 대로 영양 · 면역 등 다양한 면에서 이롭다. 그리고 엄마들은 누구보다 이 사실을 잘 알고 있다. 모유에는 발육에 필요한 타우린과 아미노산이 분유의 10배나 함축돼 있고, 지방분의 분해흡수에 필요한 라파아제라 불리는 소화산소가 포함돼 있어 아기의 소화흡수를 원활하게 돕는다.

또한 초유는 태아와 신생아의 장 점막을 보호하는 활동을 해서 항원의 침입을 막는 등 면역력을 향상시킨다.

모자 상호작용에서도 무시하지 못한다. 엄마 품안에서 엄마와 아기는 눈을 맞추고 엄마의 달래는 소리에 반응하며 젖을 먹고 포만감에 만족한다. 엄마 역시 젖을 물리고 있는 만족감을 맛보면서 아이의 상태를 여러 가지 감각계를 통해 알게 된다. 이렇게 엄마와 아이는 함께 성장하는 것이다.

엄마가 아이에게 줄 수 있는 선물 중 하나인 모유. 전업맘이든 워킹맘이든 아이에게 모유수유를 하기 위해 엄마들은 희생과 번거로움을 감수한다. 직장에 다니면서도 점심시간을 쪼개 집에 들러 아이에게 모유수유를 하는 엄마, 언제 어디서든 모유를 먹이기 위해 유축기에 젖을 짜놓는 엄마들은 아이를 위해 끊임없이 노력하고 있는 것이다.

하지만 이러한 노력에도 불구하고 모유 속에 화학물질이 들어 있다는 것은 부정할 수 없는 사실이다.

모유 속 독성물질, 도대체 왜?

모유에서 악명 높은 중금속인 납·수은, 생식독성을 가진 비스페놀A, 발암물질인 다이옥신 등이 검출되었다는 사실에 엄마들은 경악을 금치 못한다. 엄마들의 몸속에 자리 잡은 이러한 독성물질은 언제 어디서 어떤 경로로 몸속으로 들어온 것일까?

모유 속 '납'은 엄마들이 어디서 접했을까? 납의 비밀은 세라믹 재질 식기류에 숨겨져 있다. 유약에 납이 함유됐을 수 있기 때문이다. 식기류뿐만 아니라 백화점, 인테리어 제품 판매점을 공급하는 유명 제조업체도 여전히 납 성분이 들어간 유약을 사용하고 있다.

아주 간단히 납을 몸속으로 불러들일 수 있다는 이야기다.

모유수유를 하던 중 형광등을 통해 '수은'에 노출됐을 가능성은 없을까? 형광등에는 수은이 사용된다. 제품 라벨마다 수은이 함유됐다는 경고문이 명시돼 있지만 적절한 방법으로 폐기할 것을 주문할 뿐, 제품 자체의 독성에 대해서는 경고하지 않는다.

수은이 사용된 제품이 깨지거나 부적절하게 폐기·소각되면 수은이 공기 중으로 방출돼 몸속으로 들어오게 된다.

엄마들은 물을 담아 판매하는 투명한 페트병을 사 마시지 않았을까? 이 플라스틱 페트에는 대부분 '비스페놀A'가 함유돼 있다. 강력한 내분비 교란물질인 비스페놀A는 인체 생식기관과 호르몬을 손상시키고 가슴조직과 전립선에 해로운 영향을 줄 수 있다.

플라스틱이 흐물흐물해져 나오는 비스페놀A는 1930년대 임신부의 유산을 막는 약물로 개발된 인공 에스트로겐이었다. 하지만 정작 약효는 없었고 폴리카보네이트 플라스틱 제조라는 전혀 다른 용도로 쓰이게 됐다. 물을 투명한 폴리카보네이트 플라스틱 병에 담으면 그 병이 실온의 탁자 위에 있더라도 독성물질이 용출될 위험이 있다.

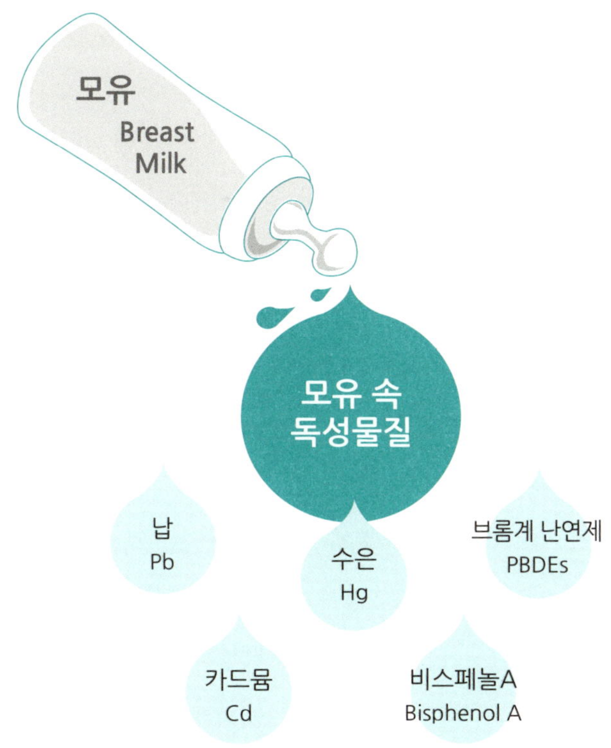

브롬계 난연제(PBDEs)는 엄마들 주변에 없어서는 안 되는 물건들에 널리 사용되는 환경호르몬이다. 이것은 플라스틱 소재가 불에 약한 것을 개선하기 위해 넣는 첨가물로, 난연제 성분은 미세먼지에 흡착되며 공기를 통해 우리 몸으로 들어온다. 섬유, 컴퓨터·TV·라디오 등 많은 가전제품에서 부터 가구, 자동차, 내장제에 이르기까지 광범위한 일상 영역에서 난연제 성분이 쓰이고 있다. 환경호르몬 폴리브롬화비페닐(PBBs)과 같이 생체 내 호르몬에 영향을 끼치지만 독성은 7배나 더 강력하다.

모유에 들어 있는 대표적인 오염물질은 '다이옥신'. 일본 후생노동성에서는 다이옥신의 양과 그것이 영유아에게 미치는 영향을 조사·연구하던 중 초유에서 다이옥신 농도가 가장 높다는 사실을 발견했다. 또한 엄마가 고령일수록 모유에 함유된 다이옥신 농도가 높았고, 첫째 아이가 둘째나 셋째 아이에 비해 다이옥신에 더 오염돼 있다는 사실까지 밝혀냈다.

녹색연합은 실크 벽지나 살충제, 가스레인지를 사용할 때도 환경호르몬이 나온다고 설명했다. 방부제, 식품첨가물, 산화방지제, 플라스틱, 세제나 방향제 같은 것에서도 마찬가지다. 비닐류의 쓰레기를 태울 때, 담배를 피울 때, 자동차의 배기가스에서도 청산가리보다 만 배나 독성이 강하다는 환경호르몬인 다이옥신이 나온다.

모유수유를 하는 엄마들이 쉽게 접할 수 있는 제품과 환경에서 이같은 독성물질이 널려 있는 것이다. 모유, 이 많은 화학물질을 품고 과연 안전할까?

우리나라 식약처에서도 2009년 한국인 수유부 50명을 대상으로 모유 중 독성물질의 오염 수준을 측정한 바 있다.

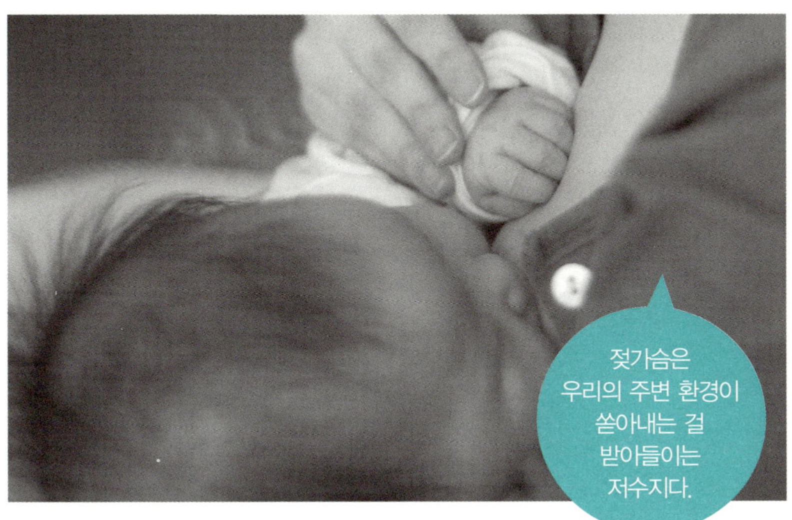

식약처 연구결과에 따르면, 디디티(DDT : Dichloro-Diphenyl-Trichloroethane)의 검출 평균치는 225.1ng/g fat이었고, 헥사클로로시클로헥산(HCH : Hexachlorocyclohexane)은 평균 49.0ng/g fat이 검출됐다. 하지만 측정된 DDT 평균치는 세계보건기구(WHO)가 규정한 일일허용섭취량(20ug/kg/day)의 약 1/31 수준으로 모유수유를 해도 안전하다고 보고했다.

이러한 연구·조사로 알 수 있는 사실은 엄마 몸속에는 여전히 독성물질이 존재한다는 사실이다.

모유를 만들어내는 주체가 엄마의 몸이기 때문에 엄마 몸에 있는 것은 모유에도 섞여나올 수밖에 없다. 지난해 〈LA타임스〉 '올해의

도서' 상을 받은 〈내 딸의 딸을 위한 가슴이야기〉의 작가 플로렌스 윌리엄스는 해양포유류와 육상포유류의 신체조직과 젖에서 산업용 화학물질을 발견했다는 뉴스를 보고 나서부터 젖가슴을 대하는 관점이 바뀌었다고 한다.

"젖가슴은 우리의 주변 환경이 쏟아내는 걸 받아들이는 저수지다. 모유수유는 우리 사회의 산업쓰레기를 다음 세대에 물려주는 아주 효율적인 수단이기도 하다. 그만큼 가슴은 엄마와 아기만 연결해 온 것이 아니라 우리를 둘러싼 환경과 연결돼 왔다. 가슴은 호르몬과 지방으로 채워져 있기 때문에 환경변화에 매우 취약하다. 가슴이라는 기관에 관심을 가진다면 가슴은 환경에 대해 많이 알려줄 것이다."

"산모가 환경호르몬에 노출된 이상 환경 유해물질은 모유를 통해 몸 밖으로 나올 수밖에 없다."고 말하는 이덕희 경북대 예방의학과 교수도 "가슴 부위는 지방이 굉장히 많은 조직이다. 다른 화학물질들에 비해 지방이 많은 모유 쪽으로 가게 되는 것"이라고 말했다.

엄마 몸속 독성물질, 해소 방법은 없나?

엄마 몸속 독성물질을 예방하고 해소하는 방법은 없을까? 좀더 건강한 모유를 아이에게 줄 수 있는 방법은 없는 것일까?

독성 화학물질로부터 가정과 건강을 지키는 법을 소개한 책 〈독성 프리〉(데브라 린 데드, 월컴퍼니, 2012)에 따르면 섭취하는 지방의 양은 인체가 독성 화학물질에 대처하는 능력에 영향을 준다. 중추신경계 의 60~80%는 지방산으로 구성돼 지방이 부족하면 신경계가 카드뮴, 납, 수은 같은 지용성 금속에 취약한 상태가 된다. 저지방식을 먹는 사람은 지방을 충분히 섭취하지 않아 인체가 지용성 화학물질로부 터 충분히 보호받지 못할 수도 있다는 뜻이다.

양질의 지방은 유기농업으로 재배된 식물과 동물에서 얻을 수 있 다. 농약에 포함된 지용성 화학물질은 식물과 동물의 지방조직에 농 축되기 때문이다.

양질의 지방 섭취 외에도 인체 내 해독을 돕는 음식들이 있다. 몸 속에서 독성 화학물질을 조금이나마 제거해야 더 좋은 건강한 모유 가 만들어진다.

마늘, 고수 잎, 클로렐라는 중금속·생물독소뿐만 아니라 인공적 으로 만들어진 산업 독성물질인 다이옥신, 프탈레이트, 폼알데하이 드, 농약, 폴리염화비페닐(PCB) 등의 독성물질을 해독하는 데 도움 을 준다.

전문가들은 몸 안의 환경호르몬을 배출하고 해독하려면 섬유소와 비타민이 풍부한 음식을 먹어야 한다고 권한다. 무농약 채소를 잘 씻어 껍질째 먹는 것이 가장 좋고 신선한 견과류와 김, 다시마 같은 해조류를 많이 먹는 것도 좋다.

해독을 위한 음식 섭취 외에 모유수유하는 엄마들이 피해야 하는 것은 환경호르몬을 제대로 알고 노출을 줄이는 것이다. 환경호르몬은 자연에만 퍼져 있는 것이 아니라 가정 내의 먼지와 실내공기에 더 많이 있다.

녹색연합 시민참여국 소속이자 〈고마워요 에코맘〉의 저자 신근정 씨는 환경호르몬을 줄이려면 되도록 무농약 농산물을 먹고 집안 내의 살충제 사용을 줄여야 한다고 말한다.

몸에 독성물질이 쌓이는 것을 예방하려면 살충제를 뿌리기 보다 라벤더나 로즈제라늄과 같은 허브 화분을 키우거나 아로마 오일을 사용하고 모기장을 치는 것이 낫다. 또한 기름에 잘 녹는 환경호르몬 특성상 고기나 생선의 지방에 쌓이기 쉬우므로 비계는 먹지 않는 게 좋다고 설명한다.

인스턴트, 가공식품 역시 식품첨가물, 포장재료 때문에 환경호르몬이 많다. 잘 알려진 것처럼 플라스틱 그릇 사용을 주의하고 종이

컵에도 비스페놀A가 원료로 사용되므로 조심해야 한다.

　삶 속 곳곳에 숨어 있는 환경호르몬을 모두 차단할 수는 없지만, 엄마 스스로가 노력한다면 엄마와 아이 모두 독성물질에 노출될 가능성을 줄일 수 있다. 이것이 바로 생활 속 유해물질에 대해 엄마들이 유난을 떨어야 하는 이유다. 알면 줄일 수 있다. 독성물질을 알아두는 것에만 그칠 것이 아니라 작은 습관이라도 바꾸고 실천하는 것이 더 중요한 때이다.

타르 사탕, 타르 과자가
우리 아이 입 속으로

"이거!"

"너 이거 사주면 나가서 걸을 거야?"

"이거!"

"이거 사줄 테니까 걸을 거지? 안아달라고 안 할 거지? 약속해!"

"으응."

편의점에서 마주친 엄마와 아이의 실랑이 풍경이다. 알록달록한 사탕에 마음을 뺏긴 아이가 편의점 바닥에 털썩 주저앉아 엄마 얼굴을 빤히 쳐다본다. 엄마는 힘으로 아이를 일으켜보려 하지만 아이의 저항이 거세다. 결국 아이는 눈물까지 글썽인다.

얼마쯤 실랑이를 벌였을까. 엄마는 아이가 스스로 걷는다는 약속

을 받고 사탕을 사주겠다고 말한다. 아이는 고개를 끄덕거리고, 엄마는 아이가 먹고 싶어 하는 사탕을 계산대 위에 올려놓는다. 그제야 아이의 눈물이 멈춘다.

아이 키우는 부모라면 누구나 한번쯤 겪어봤을 상황이다.

많은 부모들이 과자와 사탕을 미끼로 아이와 줄다리기를 한다. '달래기용 사탕'을 구비해 놓고 아이가 뜻대로 따라주지 않을 때, 사탕을 물려주며 아이의 행동을 통제하는 부모들도 있다. 엄마들이 자주 가는 육아 커뮤니티에서는 '달래기용 사탕'을 서로 추천해 주는 글을 심심찮게 볼 수 있다. 심지어 아이의 건강을 책임져야 할 병원이나 약국에서도 아이를 달래기 위해 과자나 사탕을 이용하는 경우가 적지 않다.

포도, 멜론, 오렌지, 딸기 등 알록달록 과일 색을 띠는 화려한 과자와 사탕은 아이들이 가장 좋아하는 먹을거리 중 하나다. 그런데 화려한 색깔로 아이를 유혹하는 과자와 사탕에는 과연 무엇이 들어 있을까? 부모들이 때로는 아이들의 행동을 통제하기 위해서 사용하는 이것들 속에는 과연 무엇이 들어 있는 걸까?

모든 과자와 사탕이 다 그런 것은 아니지만, 여전히 적지 않은 과자와 사탕에는 '타르 색소'라는 화학물질이 들어 있다. 식품 전문가들에 따르면 타르 색소는 가장 독성이 강한 식품첨가물 중 하나다. 특히 면역력이 약한 영유아에게는 더욱 치명적이다.

그렇다면 부모들은 이 같은 위험한 사실을 알고도 아이에게 과자와 사탕을 입에 넣어주는 것일까? 선진국과는 달리 왜 우리 정부는 타르 색소에 대해서 관대한 입장을 취하고 있는 것일까?

어린이 기호식품에 타르 색소 7가지 허용

"타르 색소는 위험성 논란으로 역사상 가장 많이 취소된 식품첨가물 중 하나다."

하상도 중앙대학교 식품공학과 교수는 타르 색소를 한마디로 이렇게 표현한다.

하상도 교수의 설명에 따르면 타르 색소는 우리가 일반적으로 알고 있는 검은색 석탄의 부산물인 석탄타르에서 추출한 착색료다. 담배의 검은 진, 아스팔트의 검은 물질인 타르(tar)와 원재료가 같다. 이 타르 색소에는 당연히 아무런 영양소가 없으며 오로지 노랑, 빨강, 파랑, 초록 등 색을 내는 용도로만 쓰인다.

그럼에도 불구하고 타르 색소는 천연색소와 비교해 값이 싸고, 색도 선명하게 나오기 때문에 아이들이 주로 먹는 사탕, 과자, 아이스크림 제조 등에 널리 쓰이고 있다. 하지만 역사적으로 보면 수백 년 동안 우리나라를 비롯해 미국, 유럽 등에서 가장 많이 금지되고 취소된 품목일 정도로 안전성이 매우 낮다는 게 전문가들의 지적이다.

하상도 교수는 "소비자 입장에서 볼 때, 정부가 허용한 첨가물 중에 가장 쓸모없는 것이 타르 색소"라며 "타르 색소에는 각기 다른 독성이 들어 있다. 발암성을 일으킨다는 연구결과도 있고, 피부·갑상선 등에 부정적인 영향을 줄 수 있기 때문에 점차 사용을 금지해 가는 분위기다. 타르 색소는 소소익선인 물질"이라고 말했다.

우리나라는 식품위생법이 공포된 1962년에는 19종류의 타르 색소

사탕 속에 들어가는 식용 타르 색소와 담배에 들어가는 타르는 원재료가 같다. 사탕 속에 들어가는 타르 색소는 색을 내는 기능을 한다.
타 르 3.0mg
니코틴 0.30mg
타르 흡입량은 흡연자의 흡연 습관에 따라 달라질 수 있습니다.
CALL US 080-931-0399
타 르 1.0mg
니코틴 0.10mg
타르 흡입량은 흡연자의 흡연 습관에 따라 달라질 수 있습니다.
타 르 1.0mg
니코틴 0.10mg
타르 흡입량은 흡연자의 흡연 습관에 따라 달라질 수 있습니다.
CALL US
080-931-0399
WWW.KTNG.COM
타 르 4.5mg
니코틴 0.45mg
타르 흡입량은 흡연자의 흡연 습관에 따라 달라질 수 있습니다.
타르 6.0mg, 니코틴 0.60mg
Call us 080-   000 www.   a.com
TOBACCO GROUP
880
MADE IN KOREA
A PRODUCT OF   INTERNATION
BLUE로 뿌경되었습니다
타 르 6.0mg
니코틴 0.50mg
4 902210
BOHEM CIGAR cubana
CALL US
080-931-0399
WWW.KTNG.COM
타 르 1.0mg
니코틴 0.10mg
타르 흡입량은 흡연자의 흡연 습관에 따라 달라질 수 있습니다.
simple CLASSIC
CALL US
080-931-0399
WWW.KTNG.COM
타 르 6.0mg
니코틴 0.60mg
타르 흡입량은 흡연자의 흡연 습관에 따라 달라질 수 있습니다.

가 식품첨가물로 허용됐는데, 독성과 안전성 등을 이유로 현재는 9
종류만 허용되고 있다. 특히 어린이 기호식품에는 황색4호, 황색5
호, 적색3호, 적색40호, 녹색3호, 청색1호, 청색2호 등 7종류만 허용
되고, 2종류(적색2호 및 적색102호)에 대해서는 사용을 전면 금지하고
있다.

하상도 교수가 취재진에게 건넨 대학교 수업자료와 〈몸살림 먹을
거리〉(임선경, 씽크스마트, 2009), 〈친환경 음식 백과〉(최재숙, 담소,
2011), 〈내 아이를 해치는 달콤한 유혹〉(안병수, 국일출판사, 2009) 등
식품과 관련한 여러 서적을 살펴봤더니, 어린이 기호식품에 허용되
고 있는 7가지 타르 색소도 유해성 논란이 적지 않다.

적색3호는 갑상선 기능에 이상을 일으킨다는 논란에 휩싸여 있다.
갑상선이 제 기능을 발휘하는 데 없어서는 안 될 필수성분인 요오드
를 생체 내에서 떨어지게 만들어 갑상선호르몬 이상을 유발한다는
지적이 있는 것이다. 아울러 적색3호와 관련해 최근 발암 가능성 논
란이 일고 있기도 하다.

황색4호는 뇌의 전두엽에 상처를 입힌다고 지목받고 있다. 전두엽
은 판단·사고·기억력 등을 관장하는 곳으로, 아직 전두엽이 발달
되지 않은 유아가 황색4호를 섭취하면 위험하다는 우려가 제기돼 있
다. 뿐만 아니라 피부민감증 반응인 가려움이나 두드러기를 일으킨

오로지
알록달록한 색을 내기
위해서 사용되는 타르 색소.
이 수많은 사탕과 과자의
60%에는 타르 색소가 포함
되어 있다. 육안으로는
도저히 구별하기
힘들다.

다는 보고도 있다. 이 색소와 관련해 미국을 비롯한 거의 대부분의 나라에서 사용 시 표시를 의무화하고 있다.

황색5호는 황색4호와 마찬가지로 알레르기와 천식, 설사, 체중 감소 등을 유발한다고 보고되고 있다. 청색1호는 소화효소 작용을 억제해 소화 기능을 떨어뜨린다는 논란이 있다. 이밖에도 타르 색소는 간, 혈액, 콩팥 장애 등을 유발하는 물질도 포함된 것으로 알려지는 등 세계적으로 유해성 논란이 끊이지 않고 있는 화학물질이다.

특히 타르 색소 중 적색102호는 2010년부터, 적색2호는 2007년부터 우리나라 '어린이 기호식품'에 사용 금지가 내려진 첨가물이다. 이 색소들은 특히 발암성 논란이 많았던 착색료다.

안병수 후델식품건강연구소 소장은 "적색2호와 적색102호는 어린이 기호식품에는 못 쓰도록 돼 있는데, 이는 유독 유해성 보고가 많기 때문이다. 이들 색소가 다른 타르 색소보다 더 나쁘기 때문이라기보다 비교적 빈번히 사용되어 유해성 연구가 더 많기 때문"이라며 "모든 타르 색소는 대부분 암과 알레르기, 과잉행동증과 관련이 있다."고 전했다.

즉 현재 어린이 기호식품에 사용되고 있는 7가지 타르 색소의 위험성은 이미 어린이 기호식품에 금지된 타르 색소인 적색2호, 적색

102호와 비교해 큰 차이가 없다는 게 안병수 소장의 지적인 것이다.

안병수 소장은 "이 유해성들은 특히 체구가 작고 저항력이 상대적으로 약한 어린이들에게 더 치명적"이라고 강조했다. 아직 면역력이 충분히 형성되지 않은 아이들은 성인보다 타르 색소의 유해물질에 쉽게 영향을 받을 수밖에 없다는 것이다.

또한 최근 아토피를 앓는 아이들이 많은 이유도 타르 색소와 관련이 있다는 분석이다. 안 소장은 "타르 색소는 대표적인 알레르기 유발물질이기 때문에 아토피의 큰 원인 중 하나"라고 설명했으며, 하상도 교수도 "아토피가 있는 아이가 황색4호를 섭취할 경우 붉은 점, 가려움증 등이 심해진다."고 말했다.

아이 손닿기 가장 좋은 곳엔 타르 색소 제품

그렇다면 이같이 유해성 논란을 겪고 있는 타르 색소가 함유된 제품들이 우리 아이들의 주변에서 얼마나 많이 유통되고 있을까?

30개 중 18개.

〈베이비뉴스〉 편집팀이 직접 서울 서초구 서초동에 있는 마트 두 곳에서 젤리, 캐러멜, 마시멜로, 양갱 등 캔디류 30개 제품을 무작위로 구매해 봤더니 타르 색소가 함유돼 있는 제품이 18개로, 무려

No	제품명	타르색소	제조원
1	스키톨즈 샤워	황색4호, 적색40호, 청색2호, 황색5호, 청색1호	MARS FOODS CO.
2	과일향 젤리 머쉬멜로우	황색4호, 황색5호, 적색4호, 청색1호	SUCERE FOODS CORPORATION
3	샤워네온웜즈	적색40호, 황색4호, 황색5호, 청색1호	SUNRISE CONFECTIONS
4	엠엔엠즈	황색5호, 적색40호, 황색4호, 청색1호	MARS FOODS CO.
5	젤리벨리 핑크자몽맛	황색4호, 황색5호, 적색40호, 청색2호	JELLY BELLY CANDY COMPANY
6	일피차차미니	황색4호, 황색5호, 적색40호, 청색1호	PT CERES
7	구미베어즈	황색4호, 적색40호, 청색1호	FERRARA PAN CANDY
8	호올스 후레쉬 라임	황색4호, 청색1호	CADBURY ADAMS LTD
9	젤리벨리 풍선껌향	황색4호, 적색40호	JELLY BELLY CANDY COMPANY
10	젤리벨리 그린애플맛	황색4호, 청색1호	JELLY BELLY CANDY COMPANY
11	젤리벨리 레몬라임맛	황색4호, 청색1호	JELLY BELLY CANDY COMPANY
12	오키오 그레이프 구미	적색40호, 청색1호	COCON FOOD INDUSTRIES SDN, BHD
13	슈사 크로커다일 모양젤리	청색1호	SANCHEZ CANO. S.A
14	슈가 스몰비어 모양젤리	청색1호	SANCHEZ CANO. S.A
15	제리벨리 레몬드롭향	황색4호	JELLY BELLY CANDY COMPANY
16	크레용신짱 롤 사과향 젤리	청색1호	SANCHEZ CANO. S.A
17	크레용신짱 롤 환타지 젤리	청색1호	SANCHEZ CANO. S.A
18	호올스 허니레몬	황색4호	CADBURY ADAMS LTD
19	짱셔요	×	롯데
20	청포도캔디	×	롯데
21	에이비씨젤리	×	롯데
22	폭신폭신 말랑카우 딸기우유 캔디	×	롯데
23	마이구미	×	오리온
24	젤리데이 복숭아	×	오리온
25	왕꿈틀이	×	오리온
26	젤리데이 레몬	×	오리온
27	푸시팝 스토리베리향	×	BAZOOKA
28	마이쮸 딸기	×	크라운
29	멘토스 후르츠	×	퍼페티 빈엘레
30	새콤달콤 포도	×	크라운

〈베이비뉴스〉가 서울 서초구 서초동 소재 마트 두 곳에서 무작위로 캔디류 제품 30개를 조사해 봤더니 무려 18개의 제품에 타르 색소가 사용된 것으로 나타났다.

60%를 차지했다. 타르 색소 함유를 의식하지 않는 사람이 집 주변 마트에서 캔디류를 구매할 경우, 2번 중 1번 이상은 타르 색소가 함유된 제품을 살 수도 있다는 뜻이다.

일반적인 고체 사탕부터 지렁이 모양에 설탕이 잔뜩 뿌려진 젤리, 초콜릿이 코팅된 사탕, 폭신폭신한 질감의 마시멜로, 목을 시원하게 해준다는 제품까지 모두 타르 색소가 함유돼 있었다.

특히 이 제품들 중에는 타르 색소 4개 이상이 한꺼번에 함유된 제품도 5개나 됐다. 4가지 타르 색소가 들어 있는 캔디류는 모두 마트 계산대 바로 앞에 어린이 눈높이에 맞게 진열돼 있었다. 아이가 언제라도 손을 뻗으면 엄마의 장바구니 속으로 들어갈 수 있는 그 자리에 말이다.

어린이들에게 유해한 먹을거리를 차단하기 위해서 정부가 운영하고 있는 '그린푸드존'의 사정은 어떨까. 그린푸드존은 어린이 식생활 안전환경 조성을 위해 초·중·고등학교로부터 200m 안의 구역을 지정한 곳으로, 이곳에서는 어린이 건강을 해치는 건강저해식품과 불량식품 등의 판매가 제한된다.

하지만 2013년 7월 발표된 한국소비자원의 조사 결과에 따르면 초등학교 근처 문구점 등에서 판매되는 과자와 사탕 역시 100개 식품 중 73개 제품에서 타르 색소가 검출됐다. 2개 이상의 타르 색소가 사용된 제품도 무려 52개에 달했다.

게다가 우리나라 '어린이 기호식품'에 사용이 금지된 '적색102호'가 들어 있는 제품이 3개나 됐다. 적색102호는 동물실험 결과 발암성이 발견됐고, 과잉행동 유발 등 안전성 문제가 제기돼 미국에서도 이미 사용 금지된 것이다.

심지어 30개 제품에 대한 타르 색소 정량을 시험한 결과 4개 제품에서 황색5호와 적색102호가 유럽연합의 허용 기준치보다 많게는 2배까지 초과 검출됐다. 유럽연합은 이 색소를 사용할 때 '어린이의 행동과 주의력에 나쁜 영향을 줄 수 있다'는 경고문을 표시하도록 하고 있다.

특히 적색102호가 들어 있는 문제의 제품은 요산버블껌 딸기향, 볼라볼라 과일향껌, 휘파람풍선껌인데, 인터넷 검색을 해보면 이 제품들은 아직도 온라인 쇼핑몰에서 버젓이 유통되고 있는 실정이다.

제품 표기 전공자 아니면 알 수 없어

"타르 색소에 대해 알았더라면 아이에게 절대 먹이지 않았을 거예요. 화학물질에 대해 하나도 모르는 무지한 엄마여서 우리 아기에게 너무 미안해요." 한 엄마의 고백이다.

'베이비뉴스 카카오스토리'(kakao.ibabynews.com)에 타르 색소의 원재료, 용도, 부작용, 허용 현황 등 취재결과 일부를 공개하고 엄마들의 의견을 물었더니 올라온 글이다. 이 엄마는 타르 색소를 몰랐던 자신을 자책하면서도 "늘 애매한 우리나라의 화학물질 허용 기준에 너무 화가 난다."고 비판했다.

타르 색소에 대한 부모들의 인지도가 그렇게 높지 않다는 점은 의외의 결과였다. 아이 먹을거리에 예민한 게 요즘 부모들인데, 예상 외로 타르 색소의 위험성에 대해서 전혀 몰랐다는 반응이 많았다.

부모들 대부분은 "아스팔트 타르와 아이들이 먹는 제품에 들어 있는 타르가 같은 원재료인지 몰랐다. 타르 색소에 대한 심각성을 이제야 알았다."며 "성분도 꼼꼼히 따지지 못했다."고 고백했다. 특히 한 부모는 "식용색소라 괜찮을 줄 알았는데 충격"이라고 말했으며, 또 다른 부모는 "어떻게 식용으로 허용할 수 있느냐?"고 지적했다.

몇몇 부모들은 "정말 아이에게 먹일 게 없다. 도대체 뭘 먹여야 하느냐?"고 하소연했다. 그 중 한 엄마는 "임신했을 때는 물 외에 웬만한 음료도 과자도 사 먹지 않았다. 하지만 우리 아기는 어떻게 지켜내죠?"라고 되물었다.

정부를 규탄하는 목소리도 제법 터져나왔다. 한 부모는 "이 정도인지는 몰랐다. 정말 우리 아이들이 안전하게 먹을 음식 좀 만들어 달라."고 말했으며, 또 다른 부모는 "조금이라도 몸에 안 좋은 성분은 아예 사용을 못 하게 금지했으면 좋겠다."고 주문했다.

어떤 엄마는 "제품표기를 보려고 해도 화학이나 식품 전공자 아니면 알 수가 없는 게 사실"이라고 꼬집었고, 또 다른 엄마는 "먹는 것 가지고 장난 좀 치지 말고, 양심적으로 만들어 판매하라. 공익광고 만들어서 많은 사람들이 타르 색소의 유해성을 알 수 있게 해달라."는 글도 올라왔다.

식약처, 타르 색소 전면 금지 요구 '묵살'

현재 유럽연합은 캔디류에 황색5호는 35mg/kg, 황색4호는 300mg/kg 등으로 타르 색소의 최대 사용량을 정해놓은 한편, 첨가 식품에 부작용 경고문구도 표기하고 있다. 캐나다나 호주도 타르 색소 사용량을 정해 규제하고 있다. 노르웨이 등 북유럽에서는 아예 타르 색소 사용을 전면 금지했다. 타르 색소의 인체 안전성 논란이 많은 만큼 안정성이 확실히 입증될 때까지 아예 사용하지 않겠다는 것이다.

반면 우리나라는 7가지 타르 색소를 어린이 기호식품에 허용하는 것은 물론 허용 함량조차 별도로 규제하지 않고 있다. 이와 관련, 2013년 7월 한국소비자원이 식약처에 '어린이 기호식품에 타르 색소 전면 금지할 것'을 요청했지만, 2년이 지난 지금까지도 상황은 전혀 개선되지 않고 있다.

식약처 관계자는 "한국소비자원에서는 전면 금지를 요청했지만, 그 부분은 타당성이 없다. 적색102호와 적색2호는 전세계적으로 안전성 논란이 있었기 때문에 어린이 기호식품에 쓰지 못하도록 한 것이고, 그 외 색소들은 안전성에 문제가 없다."고 잘라 말했다.

이어 "타르 색소의 안전성 논란은 이제껏 엄청나게 많았지만, 나머지 7가지 타르 색소에 관해 유해성을 말한 자료들은 타당성이 없다고 보면 된다. 유해성이 확실히 입증되면 그 자료는 국제적으로 채택이 될 것"이라며 "(타르 색소 위험성을 언급하는) 교수들이 생각하는 부분은 아주 일부분만 이야기를 하는 것이다. 타르 색소는 전세계적으로 이용되는 품목인데, 전면 금지를 한다면 전세계가 다 금지해야 한다."고 말했다.

또한 이 관계자는 "어느 정도를 써야 안전한지 타르 색소 양을 설정하는 부분에서는 검토를 하고 있다."면서도 "공식적으로 대답할 수 있는 단계는 아니다."라고 전했다.

유해성이 확실히 입증되기 전까지는 아직 유해한 것이 아니라는 게 현재 식약처의 입장인 것이다. 식약처가 이렇게 관대한(?) 태도를 보이니 과자를 수입하거나 제조하는 측도 당연히 타르 색소에 대한 개념이 부족할 수밖에 없다. 타르 색소 과자를 수입해 국내에 공급하는 한 수입원의 관계자는 "타르 색소에 대한 위험성에 대해 들은 바가 있다. 하지만 식약처에서 허가해 줬기 때문에 크게 문제될 것이라 생각하지 않는다."며 "굳이 이 부분에 대해서 따로 말할 이유가 없다."고 굳게 입을 다물었다.

이와 대조적으로, 식약처보다 훨씬 더 엄격한 기준을 세우고 안전한 어린이식품을 공급하기 위해 노력하는 일부 기업도 있다. 타르 색소를 전혀 사용하지 않는다는 한 제과업체의 관계자는 "어린이 먹을거리인 만큼 안전성을 우선시하고자 한다. 고객들에게 조금이라도 불안감을 줄 수 있는 재료는 원천적으로 쓰지 않으려 한다."며 "사탕뿐만 아니라 아이스크림, 과자 등에도 타르 색소를 쓰지 않고 있다."고 전했다.

왜 타르 색소는 사용량 기준도 없는가?

"한 분자도 해롭다."

노벨상을 두 번이나 수상한 미국의 천재 과학자 라이너스 폴링(Linus Pauling) 박사가 화학물질의 인체 내 반응량에 대한 질문을 받고 이렇게 말했다. 타르 색소와 같은 화학물질은 아무리 소량이라도 인체 내 좋지 않은 영향을 줄 수 있다는 것이다. 한 분자는 어떤 성질을 유지하는 물질의 마지막 단위이며, 1조분의 1g인 1pg(피코그램)보다 훨씬 적은 단위다.

　폴링 박사의 이 같은 답변은 타르 색소로 화려한 색깔을 뽐내는 캔디류를 우리가 어떻게 바라봐야 하는지 정확한 길을 제시해 준다. 아이에게 타르 색소가 들어간 과자와 사탕, 혹은 또 다른 먹을거리를 한 조각이라도 먹이면 아이는 어떻게든 해를 입게 된다는 것이다. 국민들이 당장 이 정도의 인식까지 정부에 기대하는 건 아닐 것이다.

　"식품첨가물은 양이 중요하다. 당연히 용량을 설정해야 의미가 있다. 어느 정도 수치를 넘어서면 독이 되기 때문이다. 다른 첨가물은 전부 사용량이 정해져 있는데, 타르 색소의 허용량을 정해놓지 않았다는 것은 말이 안 된다. 정말 심각한 문제다." 이어서 하상도 교수는 "타르 색소는 특히 독성이 강한데다 면역이 약한 아이들이 먹기 때문에 사용기준이 반드시 필요하다."고 강조했다.

　실제로 식품첨가물 데이터베이스(www.kfda.go.kr/fa)를 살펴보면 '과황산암모늄(표백첨가물)은 밀가루 1kg에 대하여 0.3g 이하여야 한다.', '질산나트륨(햄, 소시지 등에 쓰이는 발색제)은 식육가공품에 0.07g/kg 이상 넘지 아니 하도록 사용해야 한다.' 고 규정돼 있다. 하지만 타르 색소는 사용량 기준이 없고, 사용할 수 없는 식품들만 정해놓았다. 이 식품들을 제외하고는 어린이 기호식품에 아무리 타르 색소를 많이 사용해도 아무런 제지 없이 제품을 유통시킬 수 있는 것이다.

하상도 교수는 "사탕을 주식이 아닌 기호식품으로 먹기 때문에 타르 색소 독성은 크지만 섭취량은 미미해서 허가 취소가 잘 안 되고 있는 것 같다."고 분석한 뒤, "타르 색소는 생리 활성에 전혀 도움이 되지 않기 때문에 소비자 입장에서 가장 쓸모없는 첨가물이다. 때문에 식품 기업은 아이들 먹을거리에 가능한 타르 색소를 사용하지 말고, 정부도 타르 색소의 사용 기준을 철저하게 정해야 한다. 사용 기준을 넘어서면 강력한 처벌도 해야 한다."고 촉구했다.

이어 "아이들이 먹는 사탕과 과자에 무슨 색이 필요하느냐?"면서 "옛날에는 뻥튀기, 강냉이처럼 색이 없는 과자도 그냥 먹었다. 어렸을 때부터 무색의 사탕을 접하면 아이들은 그것을 자연스럽게 받아들이게 된다."고 덧붙였다.

정부와 국회가 아이들의 안전을 보장하기 위해서 적극적으로 노력하지 않는 상황에서, 잠재적 위험으로부터 아이를 지킬 수 있는 사람은 부모밖에 없다. 하상도 교수는 "소비자는 마지막 검역검사소"라고 했다.

"우선 부모들부터 아이 먹을거리를 구매할 때 제품 뒷면에 표시된 영양성분표에서 타르 색소를 확인하는 습관을 가져야 한다. 되도록이면 타르 색소가 들어 있는 과자류는 구매하지 말라고 당부하고 싶다. 타르 색소 표시를 확인하고 반드시 안 먹이는 어머니들의 노력이 있다면 자연스럽게 우리나라에서 타르 색소를 사용하지 않는 분위기가 조성될 것이다."

어린이음료, 콜라보다 안전할까?

"어린이음료는 제가 가장 피하는 가공식품 중 하나입니다."

황태영 씨는 "어린이음료는 저희 아이들에게도 단호하게 금지하는 항목"이라고 말했다. 그는 지난 2012년 〈음료의 불편한 진실〉이라는 책을 통해 음료회사가 절대 알려주지 않았던 숨겨진 이야기를 폭로한 장본인이다.

황씨는 CJ 제일제당, 하림그룹 등 국내 대기업 식품회사 연구원 출신이다. 10여 년간 음료를 비롯한 거의 모든 종류의 가공식품을 만들어보고, 소비자들이 혹할 만한 제품을 선보이기 위해 마케팅 브랜드 업무를 담당하기도 했다.

그러다 가공식품에 의구심을 갖게 된 건 둘째 아이 때문이었다. 둘째를 임신했을 당시 그는 식품연구소에서 소스 관능검사를 담당하고 있었다. 하루 종일 소스를 찍어먹다 보니 자연스럽게 입맛이 없어졌고 가공식품으로 대충 끼니를 때우는 일도 잦아졌다.

"저는 음료 등 가공식품에 상당히 거부감 없는 사람 중 하나였어요. 오히려 편리하다는 이유로 즐겨 먹기도 했고요. 첫째 아들에게는 시판되는 이유식을 사 먹이고 토마토 주스도 매일 챙겨 먹일 정도였으니까요."

그런데 둘째 아이가 첫째에게는 없던 아토피 증상을 갖고 태어났다. 아이의 목과 팔꿈치 등 접히는 부분에는 가려움을 동반한 심한 발진이 생기기도 했다. 황씨는 아토피의 주요 원인으로 화학물질을 지목했다.

"식품첨가물뿐 아니라 유사 성분이 샴푸 같은 각종 생활용품에 사용되는데, 이런 다양한 화학물질이 원인 제공을 했다고 생각한다."고 황씨는 단언했다.

그때부터 황씨는 아이들의 먹을거리에 엄격한 엄마가 됐다. 특히 음료 맛에 길들여지지 않도록 신경을 썼다. 탄산음료는커녕 어린이 음료도 사주지 않았다. 황씨는 "하루는 친구 엄마가 줬다며 아이가 음료를 먹고 있길래 빼앗아서 휴지통에 버린 적도 있다."고 털어놨다. 그래서일까, 올해 9살이 된 둘째의 아토피 증상은 많이 호전된 상태다.

현재 황씨는 아이들과 함께 캐나다 마니토바 주 위니펙에서 살고 있다. 마니토바 대학교 식품공학과에서 기능성 식품 연구를 하고 있는데, 이처럼 식품 연구에 대한 끈을 놓지 않고 있는 황씨는 어린이음료에 대해서 단호한 입장을 전했다.

"엄마들이 아이가 고집을 부리면 못 이기는 척 빨간색이나 파란색의 캐릭터 음료를 사주는데, 미안하지만 이런 행동은 엄마들의 편의를 위한 것이지 아이 몸에는 전혀 이롭지 않다. 음료는 물을 가장한 첨가물 덩어리일 뿐이다. 그러니 습관처럼 먹이지 않도록 주의해야 한다."

양의 탈을 쓴 음료의 두 얼굴

황씨가 유독 어린이음료에 대해 민감하게 반응하는 데는 그만한 이유가 있다. 현재 국내에서는 어린이음료에 따로 넣어선 안 되는 식품첨가물의 종류를 정하거나 아이의 몸에 좋지 않은 식품첨가물의 함량을 규제하는 등의 법적 기준이 전혀 없다. 즉 성인용 음료와 어린이음료의 기준이 똑같다는 얘기다.

실제로 식약처가 고시한 '식품 등의 표시기준'에는 어린이음료라는 명칭 자체를 찾아볼 수 없다. 음료류라는 이름 아래 과일·채소류음료, 탄산음료류, 두유류, 발효음료류, 인삼·홍삼음료, 기타음료 등 6가지 분류만이 있을 뿐이다.

음료의 베이스가 무엇이고, 함량이 얼마나 들었느냐에 따라 식품유형이 구분된다. 예를 들어 과일·채소(과·채) 등이 원료이면 농축과·채즙(또는 과·채분), 과채주스(과즙 함량 95% 이상)나 과채음료(과즙 함량 10~95%)가 되고, 만약 식품유형이 정해지지 않으면 기타음료(과즙 함량 10% 미만)로 본다.

대다수 어린이음료는 과채음료 또는 기타음료 종류의 하나인 혼합음료 형태로 만들어진다. 한 음료업체 관계자는 "어린이음료에는 과즙은 최소한으로 넣고 비타민B2 등의 첨가물을 인위적으로 넣는다. 과즙 함량이 높을수록 침전되는 고형물 값이 있어서 소비자들이 클레임 거는 사례가 있기 때문"이라며 "그게 싫어서 업계에선 과채음료나 혼합음료를 만들고 있다."고 말했다.

음료에 사용해선 안 되는 합성보존료와 색소 등이 정해져 있기는 하다. 하지만 어린이음료에 대한 별도의 기준이 없다 보니 일반음료에 들어가는 양만큼 넣고 판매해도 아무런 문제가 없다. 단지 일반음료와 다른 점이 있다면 어린이용은 아이들에게 친숙한 캐릭터로 무장하고, 뚜껑을 잡아당겨 먹는 PP캡을 적용했다는 점뿐이다.

또한 성장기 아이들을 위해 비타민, 철분, DHA 등 몸에 좋을 것 같은 영양성분을 추가한 것이 다른 점인데, 이 역시 첨가물에 지나지 않는다는 지적이다. 즉 어린이음료가 성인들이 마시는 일반음료보다 몸에 좋을 것이라는 생각은 소비자들의 착각에 불과한 것이다.

딸기음료가 아닌 딸기맛(향) 음료

아이들에게 콜라와 사이다를 먹이는 것은 경계하면서, 어린이음료를 먹이는 것에는 관대한 것이 거의 모든 부모들의 모습일 것이다. 하지만 어린이음료 속에 무엇이 들어 있는지 조목조목 따져보면, 탄산음료와 어린이음료를 구분한다는 자체가 전혀 의미가 없다는 점을 깨닫게 될 것이다. 음료에는 색소, 착향료, 감미료, 보존료 등 식품을 만들기 위한 기본 첨가물이 필수로 들어가는데, 이는 전부 화학물질이다.

우선 어린이음료에는 아이들이 좋아하는 색깔을 내기 위해 색소가 들어간다. 캐러멜 색소, 코치닐 추출색소 등이 주로 쓰인다. 하상도 중앙대학교 식품공학과 교수는 "어린이음료에서 유의해야 할 첨가물 중 하나인 색소는 단순히 구매욕·식욕을 자극하는 효과밖에 없다."며 "천연이든 합성이든 어차피 모든 첨가물은 크든 작든 독성이 있다."고 경고한다.

음료를 마실 때 과일 맛이 나는 것은 합성착향료 때문이다. 때로는 과일의 신맛을 내기 위해 구연산이나 사과산 같은 산도(ph) 조절제, 비타민C 파우더를 첨가하기도 한다. 진짜 과일이 들어간 경우는 음료 포장지에 과일 그림이나 과일의 명칭이 쓰여 있다. 착향료로만 맛을 내면 포장지에 과일 이미지를 사용할 수 없기 때문이다. 문제는 함량이다. 실제 과즙이 들어갔다고 하는 대부분 제품의 과즙 함량은 최대 5%에 불과하다는 것이 음료업체 관계자의 설명이다.

이마저도 과일에서 착즙한 생과즙 그대로가 아니다. 가공업자들은 보관성을 늘리고 유통비용을 절감시키기 위해 과즙을 가열해서 농축하는 과정을 거친다. 보통 5배 이상의 농도가 되도록 농축해 부피를 크게 줄이는데, 이 과정에서 영양분은 거의 대부분 파괴된다. 예를 들어 오렌지 과즙이 3.0%라면 실제 사용량은 농축 과즙으로 0.6% 이하라고 볼 수 있다.

또한 합성착향료가 ○○ 향 등 한 가지로 표기돼 있더라도 실제로는 수십 가지 첨가물이 섞여 있다고 보면 된다. 2006년 9월 이후부터 식품에 사용되는 원료는 모두 표기해야 하지만, 착향료처럼 많은 성분을 혼합해 사용하는 경우에는 단순히 합성착향료(○○ 향)로 표기할 수 있도록 돼 있기 때문이다. 이 때문에 소비자는 음료 안에 어떤 화학물질이 들어 있는지 확인이 불가능하다. 이것이 식약처에서 정하고 있는 기준이다.

'무첨가' 음료가 더 위험한 이유는?

단맛을 내기 위해 감미료도 필수적으로 들어간다. 아스파탐, 수크랄로스, 아세설팜칼륨 등 인공감미료는 열량이 없으면서 단맛은 설탕의 200~300배에 이른다. 값도 저렴해서 조금만 넣어도 큰 효과를 볼 수 있다. 또 당분은 유통기한을 늘리는 효과가 있다. 이러한 인공감미료는 분해과정을 거치지 않기 때문에 아이의 혈당만 높일 수 있다.

감미도가 설탕의 약 100~200배인 천연첨가물 효소처리스테비아도 넣는다. 효소처리스테비아는 단맛이 나는 스테비아라는 허브 추출물을 가공해 스테비오사이드라는 인공감미료를 만들고 이를 다시 효소를 사용해 만든 성분으로, 인체의 당 대사를 교란시키는 주범이다.

또한 백설탕 대신 '○○톨'로 끝나는 설탕 대용 성분을 쓰는 경우도 있다. 자일리톨 같은 당알코올류는 과량 섭취 시 소화흡수가 안 되므로 설사를 유발할 수 있다. 설탕보다 칼로리가 낮다고 알려진 폴리글리시톨시럽 역시 마찬가지다. 이들 대체감미료는 천연 소재

에서 추출되기도 하지만, 거의 대부분이 화학적인 방법으로 만들어
지는 합성품이라 영양성분은 전혀 없다.

성장기 아이들을 위해 넣었다고 표기되는 비타민C, D_3와 젖산칼
슘 역시 화학물질이다. 젖산칼슘은 천연 칼슘이 아닌 인공 칼슘이
고, 비타민D_3 또한 합성비타민이기 때문에 몸에 잘 흡수되지 않고
체내활동도 활발하지 않다는 단점이 있다.

특히 소비자가 주의해야 할 것은 '무첨가' 라는 단어다. 무보존제,
무색소, 무설탕, 무착향료 등의 문구가 적힌 음료에는 해당 성분이
아예 들어 있지 않다고 생각하기 쉽다. 하지만 이는 눈속임에 불과
하다. 색소를 넣지 않았는데 색깔이 화사하고, 착향료를 넣지 않았
는데도 과일 맛이 난다면 이를 대체할 만한 다른 첨가물을 넣었다고
보면 된다.

무설탕이라 해놓고 액상과당, 이소말토올리고당, 프락토올리고당
등 정제당이나 감미료를 넣는다. 또한 보존료를 사용하지 않는다는
명목으로 방부 효과가 있는 각종 추출물, 구연산삼나트륨, 아세설팜
칼륨, 구연산, 사과산 등의 화학물질을 더 많이 넣고 있는 실정이다.

엄마들이 '엄마표 음료'를 만드는 이유

화학물질의 노출을 줄이기 위해서 음료를 직접 만들어 먹는 사람들이 늘고 있다. 6살 도윤이, 4살 하련이를 키우고 있는 황유순(36세) 씨도 그 중 하나다. 황씨가 음료를 직접 만들어 먹게 된 계기는 도윤이의 아토피 증상 때문이었다.

"아이에게 아토피가 있다 보니 뭐든지 다 느리게 했어요. 이유식도 천천히 먹였고 밀가루나 시판되는 음료는 아예 먹이지 않았어요. 5살 때 어린이집에 보냈는데 그때 처음 음료를 접했으니까요."

황씨가 아이들과 자주 만들어 먹는 음료 중 하나는 바로 '오미자 주스'다. 오미자를 체에 넣어 닦고 찬물에 하루 정도 담가놨다가 건더기만 걸러 물을 넣으면 완성돼 집에서도 간단히 만들 수 있다. 경기도 안산시 상록구 일동에 있는 황씨의 자택에서는 오미자 주스를 만드는 요리활동이 한창이다.

아이들은 물병에 오미자를 집어넣거나 오미자 주스 위에 올릴 고명을 만든다. 엄마가 감, 사과를 얇게 썰어 주면 별, 하트 모양의 빵틀로 찍어 만드는 것이다. 또 과일을 갈아서 주스로 먹거나 얼려서 슬러시로 만들어 먹기도 한다. 과일 자체가 달아서 설탕, 올리고당 등은 따로 넣지 않는다.

황씨는 "음료뿐 아니라 아이들 간식으로 찰떡이나 단호박떡 등을 먹이고 간도 최대한 싱겁게 한다. 다른 것도 아니고 먹는 음식이어서 더 민감할 수밖에 없다."면서 "지금 첫째 아이의 아토피가 많이 나아졌는데 이런 식습관이 아토피 완화에 도움을 줬을 거라 생각한다."고 설명한다.

이어 "아이들이 뽀로로 음료를 보면 무슨 맛인지 모르지만 캐릭터가 있으니 사고 싶다고 말할 때가 있다. 하지만 집에서 엄마랑 같이 음료를 만들고, 맛있게 먹었던 경험이 있기에 '집에 가서 더 맛있는 음료 만들어줄게' 라고 말하면 설득이 된다."고 웃음 짓는다.

황씨는 엄마라면 아이들이 먹는 식품에는 깐깐한 태도를 취해야 한다고 말한다.

"음료를 사서 먹이면 한순간 달콤함을 느끼며 아이들도 단맛에 길들여지죠. 나중엔 그 유혹에서 벗어나기 힘들어요. 대신 만들어 먹자고 하면 아이들이 기대감이 있어서 사달라고 하지 않아요. 편하자고 무심코 먹이는 것은 자칫 아이의 건강을 망칠 수 있어요."

기준도 규제도 없는 어린이음료

일찍이 시민단체에서는 어린이음료의 정확한 정보를 알리려는 노력을 계속해 왔다. 환경정의(www.eco.co.kr)는 2007년~2011년 수차례에 걸쳐 어린이음료에 사용해선 안 되는 타르 색소와 액상과당 등 화학물질의 문제를 지적했고, 녹색소비자연대전국협의회는 에너지음료 속 카페인과 당 함량 분석결과를 공개하기도 했다.

하지만 어린이음료의 기준을 별도로 만들어야 한다는 근본적인 지적이 나온 적은 없다. 국회에서도 어린이음료의 기준을 만들려는 움직임을 찾아볼 수 없다. 현재 국회에 발의돼 있는 법안들은 음료 속 고카페인과 지방, 당, 나트륨 함량을 표시하는 것에 초점이 맞춰져 있을 뿐 일반 음료와 어린이음료를 구분해 관련 기준을 세우려는 법안은 전혀 없다.

관련 주무부처인 식약처가 2014년 11월 6일 행정 예고한 '식품 등의 표시기준' 개정안에도 이와 같은 기준은 들어 있지 않았다. 식약처 관계자는 "(어린이음료 기준 신설을) 한 번도 고려해 본 적이 없다."고 딱 잘라 말했다.

이 관계자는 "현재 식품유형 분류상 어린이음료라는 것이 없으니 특별히 다른 기준이 적용되진 않는다. 지금은 이유식 등 특수 용도 식품만 별도 관리되고 있다."며 "일반적으로 아이들이 먹어도 되는 양까지 고려해 첨가물 허용치를 정하기 때문에 안전하다."고 말했다. 그러면서 "고려해 보지 않았고 여기에 대해 가타부타 말하긴 어렵지만, 필요한 상황이라면 때에 따라서 (어린이음료 기준 신설을) 검토해 볼 수 있지 않겠느냐."고 덧붙였다.

이렇다 보니 음료업계에서도 혼선이 일고 있다. 국내 주요 음료업체 관계자는 "업계에서 자발적으로 보존료나 색소를 줄이고 당 함량을 낮추려는 노력을 하고 있지만, 어린이음료라는 기준이 없다 보니 현장에서 혼선이 있는 것은 사실"이라고 말했다. 이 관계자는 "예전 오렌지맛 음료인 '카○○썬'의 경우도 어린이용으로 나왔지만, 지나치게 당 함량이 높아 같은 업계에서도 어린이용으로 보지 않는 시선이 있다."고 털어놨다.

다만 2008년 3월에 제정된 '어린이 식생활 안전관리 특별법'에 따라 어린이 기호식품에 대해 품질인증 제도가 운영되고 있기는 하다. 하지만 식약처로부터 품질인증을 받으려면 비타민과 칼슘 등 일정 영양기준을 충족해야 하는데, 이 기준을 맞추기 위해선 오히려 첨가물을 더 사용해야 한다. 정부가 아이를 위한 제품에 첨가물을 제한하기는커녕 영양 강화를 한다는 이유로 첨가물 사용을 권장하고 있는 실정이라는 것이 전문가들의 지적이다.

전문가들 "아이라는 특수성 감안해야"

"우리가 마시는 음료에 주의를 기울이는 것은 우리가 먹는 음식을 조심하는 것과 마찬가지로 중요하다."

영국의 자연수분섭취위원회(Natural Hydration Council)의 킨버러 카레이 사무총장이 한 말이다. 그는 "칼로리나 여타의 첨가물이 없는 물은 인체가 원하는 최상의 음료"라고 강조했다. 가장 좋은 청량음료는 뭐니 뭐니 해도 물이라는 말이다.

각종 화학물질이 함유된 어린이음료를 바라보는 전문가들의 입장은 명확하다. 하상도 중앙대학교 식품공학과 교수는 "식품첨가물이 아무리 (정부에 의해) 허용된 것이고 소량이라도 독성이 있다. 따라서 몸에 도움 되는 물질이 아니다."면서 "소량이라도 섭취할 필요가 없는 소소익선의 물질이므로 섭취하지 않는 것이 좋다."고 단언했다.

이어 "소비자는 첨가물이 최소한으로 든 제품을 선택하고, 기업은 국민의 건강을 위해 가능한 더욱 안전한 대체재를 찾거나 첨가물 사용을 줄이려는 노력을 해야 한다. 특히 정부에서는 아이라는 특수성을 감안해 별도의 기준을 마련할 필요가 있다."고 주장했다.

임종한 인하대학교 의학전문대학원 교수도 "음료를 마시면 최소 3가지 이상의 식품첨가물이 우리 몸속으로 들어온다. 어린이의 경우는 성인보다 몸속으로 들어온 유해물질을 해독하는 능력이 떨어져 체내에 계속 축적될 수밖에 없다."고 지적했다.

임 교수는 "모든 기준은 성인을 기준으로 만들기 때문에 동일한 기준을 아이에게 적용했을 땐 어떤 부작용이 생길 수 있다는 가능성을 배제할 수 없다."면서 "먹거리 안전은 아무리 강조해도 지나침이 없다는 사실을 기억해야 한다."고 밝혔다.

초코 맛 파이는 왜 썩지 않을까

요즘 허니버터칩이 인기라지만, 이 과자의 명성을 따라갈 수 있으랴. 바로 '초코파이' 얘기다. 1974년 4월 첫 출시된 오리온제과의 초코파이는 '국민과자 중의 국민과자', '과자의 제왕'이라는 수식어가 붙어도 아깝지 않은 한국 과자의 살아 있는 신화다. 달달한 초콜릿 빵과 폭신폭신한 마시멜로의 매력적인 조화는 40년이 넘게 줄곧 과자 판매 1위의 권좌를 지켜낼 수 있게 했다.

초코파이는 2003년 제과업계 사상 최초로 단일 제품 누적판매액 1조 원을 돌파했다. 특히 2013년에는 10년 전의 두 배인 2조 1,000억 원이라는 누적판매액을 달성했다. 초코파이는 단연 오리온제과 최고의 효자상품이라 할 수 있다. 초코파이가 크게 성공하자 다른 제과업체들도 유사한 상품을 잇달아 내놓았고, '초코 맛 파이' 시장까지 형성돼 오늘날까지 제과시장의 큰 부분을 차지하고 있다.

초코 맛 파이는 아이들뿐만 아니라 어른들까지 즐겨 먹는 국민 간식이다. 그런데 우리나라 과자의 대표적인 초코 맛 파이는 국민들의 건강을 위해서 얼마나 이바지했을까? 국민 과자라는 명성답게 건강에도 좋은 성분이 얼마나 많이 들어 있을까? 초코 맛 파이의 충격적인 비밀을 아는 이들은 그리 많지 않다. 바로 초코 맛 파이에 우리의 건강을 해롭게 하는 다량의 첨가물이 들어가 있다는 사실을 말이다.

초코 맛 파이 속 정제가공유지의 비밀은?

"가장 많이 팔리는 과자에 해로운 물질이 가장 많이 들어가 있다."

10년 전 오리온제과 상품개발팀장으로 일하다가 퇴사해 지금은 아이들과 국민들의 건강을 지키는 활동을 하고 있는 안병수 후델식품건강연구소 소장은 초코 맛 파이의 유해성을 위와 같이 한마디로 정의한다.

안병수 소장은 오리온제과에서 새로운 과자를 제조하는 업무를 담당했다. 업무상 과자를 많이 먹을 수밖에 없었던 그는 과자로 인해 신체적 · 정신적 건강을 잃을 뻔하다가 결국 과자에 대한 회의감

때문에 스스로 회사를 나왔다. 그후 〈과자, 내 아이를 해치는 달콤한 유혹〉 1~2권, 〈내 아이를 해치는 맛있는 유혹 트랜스지방〉, 〈과자가 무서워요〉 등 식품첨가물의 위험성을 고발하는 책을 연달아 내면서 '과자를 주느니 차라리 담배를 권하라' 는 경구를 회자시켰던 주인공이다. 현재는 글쓰기, 강연, 언론과의 인터뷰 등을 통해 대중들과 만나며 식품첨가물의 유해성을 알리고 올바른 식생활 지식을 보급하는 데 힘쓰고 있다.

안 소장은 "우리나라의 대표적인 과자인 초코 맛 파이는 정제가공유지 등 엄청난 양의 화학물질로 제조된다."며 "정제당류, 트랜스지방산, 첨가물 범벅인, 오늘날 문제가 되는 가공식품의 전형"이라고 말했다.

초코 맛 파이는 크게 겉부분의 초콜릿, 중간 부분의 파이, 가장 안쪽의 마시멜로 크림 등 세 부분으로 구성돼 있다. 우선 가장 겉부분의 초콜릿은 우리가 일반적으로 생각하는 정통 초콜릿, 즉 진짜 초콜릿이 아니라 '모조 초콜릿', '가짜 초콜릿'이다. 업계에서는 이것을 '준초콜릿'이라고 표현한다.

일반적으로 초콜릿 원료라 하면 '코코아버터', '코코아파우더', '코코아매스' 등이 있다. 그 중 코코아버터는 천연 초콜릿 재료로, 주로 정통 초콜릿을 만들 때 사용된다. 향료, 비누, 화장품 등 쓰이는 용도가 많아 대체로 가격이 높게 형성돼 있다. 때문에 제과업체는 진짜 초콜릿 재료인 코코아버터 대신 값싼 정제가공유지와 코코아파우더를 섞어 정통 초콜릿을 흉내내어 초콜릿 과자, 빵 등을 만든다. 카카오 열매를 볶은 후 분쇄시킨 코코아매스도 간혹 사용하긴 하지만 이것 역시 생색용으로 소량만 쓰일 뿐이다.

"문제는 코코아파우더에 넣는 대용버터인 정제가용유지다. 정제가공유지는 인공적인 화학반응을 통해서 만든 기름(유지)이라고 보면 된다. 자연계에 없는 물질로, 화학물질인 것이다. 우리 몸에 해로운 물질이다."

정제가공유지는 쇼트닝, 마가린 등 고체 형태의 유지로, 초코 맛 파이의 준초콜릿을 제조할 때 사용할 뿐만 아니라 파이 부분을 만들 때도 상당한 양이 첨가된다. 정제가공유지는 수소(H)를 첨가한 화학반응으로 만들어지는데, 이 화학반응을 거치면 유지 안에는 상당한 양의 트랜스지방산이 생성된다.

트랜스지방산은 동맥경화·뇌졸중·대장암·전립선암·난소암·고지혈증·당뇨병을 일으키고, 세포 손상·만성 피부 질환의 원인이 되는 아주 고약한 물질로 익히 알려져 있다. 때문에 업체들은 최근 정제가공유지 제조 시 트랜스지방을 줄이기 위해 '수소 첨가반응' 대신 '에스테르 교환반응'이라는 새로운 화학반응으로 정제가공유지를 제조하고 있다. 에스테르 교환반응은 트랜스지방산을 조금밖에 생성하지 않기 때문이다.

"정제가공유지는 '수소' 반응이든 '에스테르' 반응이든 화학적 반응의 산물이므로, 자연계의 유지와 달리 미세하게 지방산 구조가 변형된다. 분자가 끊어지기도 하고, 서로 달라붙기도 하고, 휘어지기도 하는 식으로 말이다. 이렇게 변화된 정제가공유지는 우리 몸에 들어가면 제대로 대사되지 못한다. 우리 몸은 이미 정제가공유지와 같은 인공 지방산이 자연 지방산이 아님을 알고 있는 것이다. 때문에 정제가공유지는 몸 밖으로 배출되지 못하고, 우리 몸에 계속 남아 비만, 고혈압, 심장병, 중풍, 당뇨병, 암 등의 발병률을 높인다."

2007년 의학 전문 저널 〈영양과 대사(Nutrition and Metabolism)〉에 실린 헤이즈 박사의 '편집자에게 보내는 편지 : 트랜스지방에 대한 건강한 대안'(Letter to the editor: healthy alternatives to trans fats)에 따르면 '에스테르' 교환반응으로 트랜스지방산을 줄인 정제가공유지는 기존 수소 첨가반응으로 만든 정제가공유지보다 오히려 더 해로울 수 있다. 인체 내에서 정상적으로 대사되지 않을 뿐더러 우리 몸의 당을 조절하는 대사까지 교란시키기 때문이다. 헤이즈 박사는 말레이시아 '팜 오일 위원회' 소속의 캘리아나 선드램(Kalyana Sundram) 박사와 에스테르화 지방산에 대한 연구를 했던 미국의 생물학자이자 영양학자이다.

안병수 소장은 정제가공유지의 문제점을 다음과 같이 지적했다.

"우리나라 식품업계는 아직 트랜스지방산만 줄이면 된다는 식이다. 이러한 문제를 제기하는 학자가 거의 없다. 하지만 해외에서는 이미 트랜스지방산을 넘어 정제가공유지의 다양한 문제점에 대해 논의하고 있다. 정제가공유지는 현대병을 일으키는 대표적 물질이라고 보면 된다."

초코 맛 파이, 반 년 동안 왜 썩지 않을까

초코 맛 파이는 명성만큼이나 신비로운 제품이

다. 파이 속 마시멜로는 3분의 1이 물이다. 수분이 있으면 미생물이 번식하기 마련이지만 초코 맛 파이는 가공식품의 대명사 '라면' 과 유통기한이 같다. 냉장, 냉동 보관 필요 없이 5~6개월 상온에 두어도 원형을 유지한다. 초코 맛 파이의 전체 수분은 12%나 되는데, 이 정도로 수분 함량이 높으면 상온에서 변질 없이 수 개월간 유통하기란 결코 쉽지 않다. 그런데 왜 초코 맛 파이는 썩지 않는 것일까?

"초코 맛 파이의 유통 비결은 정제가공유지의 일종인 쇼트닝이 핵심이다. 쇼트닝이 썩는다는 얘기를 들어본 적이 있는가? 쇼트닝은 화학물질이므로 벌레도, 쥐도 접근하지 않는다. 여름철에 아무렇게나 쌓아둬도 절대 곰팡이가 피지 않는다."

초코 맛 파이 속에는 다량의 쇼트닝이 함유돼 있다. 쇼트닝이 변하지 않는 물질이니, 쇼트닝을 넣은 제품은 여간해서 변질되지 않는 것이다. 그래서 전문가들은 쇼트닝을 변하지 않는 '플라스틱 식품' 이라고 부르기도 한다.

안 소장은 "초코 맛 파이에는 산도조절제도 들어가는데, 이 산도조절제를 쓰면 제품이 산성으로 변한다."며 "번식이 억제되는 점도 있다."고 덧붙였다.

밀가루도 제품이 상하지 않는 역할을 한몫 해주고 있다. 대부분의 초코 맛 파이 제품은 국산밀가루가 아닌 수입밀가루로 제조된다. 수입밀가루는 농약이 많이 들어가 있기 때문에 이 밀가루를 쓴 제품 역시 미생물이 쉽게 번식하지 못한다.

"결국 수입밀가루의 농약, 쇼트닝, 각종 첨가물이 조화롭게 배합돼 보관성이 높아지는 것이다. 5~6개월의 유통기한이 지나도 초코 맛 파이는 잘 썩지 않는다. 그럼에도 불구하고 그렇게 유통기한을 정해둔 이유는 식감이 떨어지는 것에 대한 우려 때문이다. 5~6개월이 지나면 수분이 빠져 식감이 떨어지고 만다."

한편 초코 맛 파이를 제조하는 기업 측은 안 소장의 주장이 전혀 근거 없다는 입장이다. 초코 맛 파이 시장 1위를 점유하고 있는 오리온제과 관계자는 "무슨 의도로 무슨 주장을 하든 그분(안병수 소장)의 주장은 근거가 전혀 없다. 일방적인 주장을 할 뿐"이라며 "그분이 정제가공유지의 유해성을 말하는 것은 우리나라 식품체계를 전부 부정하는 것과 같다. 우리는 국가의 법규를 철저히 준수해서 아주 안전하고, 위생적으로 제조하고 있을 뿐"이라고 말했다.

이런 식품안전에 관한 뉴스가 나올 때마다 관계자들의 반응은 한결같다. "수입밀가루 역시 농약을 많이 써서 유해하다는 점은 근거 없는 주장이다. 그러면 우리나라 밀가루는 농약을 안 쓰나? 섭취했을 때 해가 되지 않는 수준의 양을 준수해 사용하고 있다."고 덧붙였다. 소비자들의 현명한 판단이 중요한 순간이다.

봉지과자도 해로운 화학물질 범벅일 뿐

우리나라 과자의 대표주자인 초코 맛 파이가 이 정도인데, 마트와 가게에서 파는 일반 봉지과자는 어떨까? 딸기맛, 새우맛, 양파맛, 바나나맛 등 아이들을 유혹하는 맛도 가지가지인데, 이들 과자는 정말 과일과 채소, 생선 등 천연재료로 맛을 내는 것일까?

안 소장은 "시중에서 파는 과자 대부분은 화학물질인 합성향료로 맛을 낸다."며 "합성향료는 같은 포도라도 달콤한 포도, 떫은 포도, 캘리포니아 포도 등 아이들이 먹는 과자 속 다양한 맛을 전부 만들어낼 수 있다."고 설명했다.

과자봉지 뒷면 원재료명 표기란에 적혀 있는 '숯불바베큐향', '벌꿀향', '딸기향', '밀크향', '고구마향' 등은 모두 인공향료다. 일반적으로 향료라고 하면 향만 내는 물질이라고 생각하기 쉽다. 하지만 미각세포를 자극해 훨씬 더 풍부한 맛을 느끼도록 해주는 게 바로 향이다. 맛이 없더라도 냄새만 있으면 맛을 느끼게 할 수 있는 것이다.

"맛과 더불어 과자의 색도 화학물질의 산물이다. 진짜 과일과 채소를 사용한 것이 아니라면 합성색소를 넣는다. 과자 속에 들어가는 화학물질 중 가장 해로운 물질이 색소다. 어른들이 주로 먹는 과자에는 빠지고 있는데, 여전히 아이들이 먹는 과자에는 많이 쓰이고 있다. 타르 색소와 같은 합성색소는 당연히 해롭고, 코치닐 색소, 캐러멜 색소 등 천연색소도 해롭다. 색소는 합성이든 천연이든 무조건 나쁘다."

합성색소의 역사를 활짝 열리게 한 것은 바로 '타르 색소' 다. 타르 색소는 석탄의 부산물인 석탄타르에서 추출한 착색료로, 담배의 검은 진, 아스팔트의 검은 물질인 타르와 원재료가 같다. 타르 색소는 여러 가지 합성과정을 거치기 때문에 발암, 체중감소, 구토, 알레르기, 천식 등의 유해성이 높다고 알려져 있다.

요즘은 타르 색소의 내막을 알게 된 소비자들이 점점 늘어나면서 기업들도 천연색소를 사용하는 추세다. 하지만 천연색소도 안전한 물질이라고 할 수 없다.

실제로 미국의 건강 저널리스트인 루스 윈터(Ruth Winter)가 쓴 〈식품첨가물 사전〉(A Consumer's Dictionary of Food Additives, Three Rivers Press, 1999)에 따르면 약 40년 전, 미국 보스턴 시의 매사추세츠 종합병원에서 천연색소인 코치닐 색소 때문에 어린아이 한 명이 숨지고 환자 22명이 고통을 호소하는 사건이 발생했다.

특히 영국의 과잉행동장애아 지원단체(HACSG)는 코치닐 색소를 '어린이 음식에 넣으면 안 될 물질'로 분류하고 있을 정도다.

"시중의 모든 과자에는 색소, 합성향료 외에도 감칠맛을 내주는 인공조미료, 인공 지방산인 정제가공유지, 정제당 등 해로운 물질이 5가지 이상 100% 들어간다. 이 물질들에는 영양소가 없다. 우리 몸에 해로운 물질일 뿐이지, 이로운 물질이 전혀 아니다."라고 안 소장은 덧붙였다.

과자의 유해성을 깨닫게 된 부모들이라도 아이들에게 과자를 사주지 않고 키우는 것은 결코 쉬운 일이 아니다. 이와 관련해 안 소장은 "친환경 식품회사에는 화학물질을 안 쓰고 만든 과자가 있다. 값이 비싸기는 하지만 색소, 향료를 안 쓴다. 완벽하지는 않더라도 시중 제품보다는 화학물질을 적게 쓰는 편"이라고 전했다.

아이스크림이 위험한 진짜 이유

2006년 한 어린이도서관 교사가 아이들과 직접 아이스크림을 끓이는 실험을 했던 적이 있다. 향긋한 과일향이 날 것 같았던 아이스크림은 끓이자마자 이내 코를 찌를 듯한 악취가 나는 찐득찐득한 잼으로 변해버렸다. 아이들은 모두 손사래를 쳤고, 교사는 이 실험 내용을 한 언론사에 기고했다. 이 실험은 지난 2008년 KBS 〈스펀지〉에 방영돼 주목을 끌었고, 아직까지 온라인상에서도 회자되고 있다.

안 소장은 이 실험에 대해 "아이스크림에는 유화제, 향료, 정제가공유지, 색소, 정제당, 산도조절제 등 유해물질이 들어가는데, 각종 화학첨가물이 모두 함께 타면서 악취가 나고 변하는 것"이라고 설명했다. 아이스크림에 얼마나 많은 첨가물이 들어가 있는지 제대로 보여주는 실험이었던 것이다.

"아이스크림 속에는 유해물질들이 많이 있지만 특히 유화제가 가

장 큰 문제다. 유화제는 물질 자체로는 해로운 것이 아니지만, 간접적으로 우리 몸속에서 해로운 작용을 한다. 우리 몸에 들어가서 중금속, 발암물질, 노폐물 등 지용성 물질들이 배출되는 것을 억제하는 역할을 하기 때문이다."라고 안 소장은 설명했다.

아이스크림을 만들 때 물과 기름은 섞이지 않는 특성이 있는데 이를 혼합 하기 위해 어마어마한 양의 유화제가 사용된다. 유화제는 천연유화제도 있지만 우리가 먹는 아이스크림의 경우 대부분 화학유화제를 쓴다. 화학유화제는 유화력이 강해 각종 유해성분을 체액에 잘 섞이도록 해서 몸 세포 안으로 흡수하게 만든다. 배출돼야 할 유해성분이 체내에 쌓이니 각종 질병의 원인이 될 수밖에 없는 셈이다.

〈우리 집 밥상에서 더할 음식 뺄 음식〉(전도근, 북포스, 2008), 〈몸살림 먹을거리〉(임선경, 씽크스마트, 2009), 〈밥상의 유혹〉(이승남, 경향미디어, 2010) 등의 건강 관련 서적에서도, 유화제는 장 점막이 흘려 보내려던 해로운 화학물질을 잡고, 영양소 흡수까지 방해하는 물질로 설명되어 있다.

그렇다면 시중 아이스크림보다 5~10배 이상 비싼 아이스크림 전문점의 아이스크림은 괜찮은 것일까? 화학물질이 들어가지 않은 것일까? 안 소장은 "아이스크림 전문점 제품도 화학첨가물이 들어가는 것은 똑같다."며 "아이스크림 가격 차이는 유지방 양이 많으냐 적으냐의 차이일 뿐"이라고 단언했다.

안 소장의 설명에 따르면 값싼 아이스크림은 유지방을 쓰지 않고 정제가공유지를 쓴다. 유지방이 비싸기 때문이다. 전문점에서 파는 아이스크림은 유지방의 함량이 높아서 가격이 비싸다. 이렇게 유지방 함량의 차이만 있을 뿐, 유화제를 비롯한 색소, 향료 등 화학첨가물은 모두 똑같이 사용된다.

그렇다면 안전하고 건강에 좋은 아이스크림은 없는 것일까? 아이들에게는 무엇을 먹여야 하는 것일까? 안 소장은 "아이스크림도 과자와 같이 웰빙을 표방하는 전문점이 간혹 있다."며 "이 웰빙 아이스크림에는 과일, 채소, 우유, 비정제설탕 등 좋은 재료가 들어간다. 이렇게 좋은 재료를 넣어서 만드는 아이스크림은 믿을 만하다."고 전했다.

유해한 물질들, 왜 제재하지 못하나

그렇다면 유해성이 알려진 수많은 첨가물들을 왜 우리 정부가 금지하지 않을까? 안 소장은 "해로운 첨가물을 금지하고 싶어도 못 한다. 미국처럼 식품첨가물의 유해성을 밝힐 과학적인 수준에 도달하지 못했기 때문"이라고 말했다.

식품산업은 미국이 주도하고 있다. 미국이 식품에 대한 유해성을 제대로 조사·연구할 수 있는 과학적 수준을 갖추고 있어서다. 아울러 이러한 연구를 진행하기 위해서는 막대한 시간과 돈이 필요하다. 때문에 여건이 충분치 않은 우리나라는 주로 미국의 결정에 따라가고 있다. 미국에서 쓰고 있는데, 우리나라만 단독으로 뺄 수 없는 것이다.

만일 우리나라가 단독으로 어떤 유해첨가물을 금지하는 결정을 내린다면 어떻게 될까? 안 소장에 따르면 세계보건기구(WHO)가 '금지한 이유'를 요구해 오기 마련이다. 하지만 우리나라는 금지한 이유에 상응하는 마땅한 연구결과가 없기 때문에, 독자적으로 행동할 수 없다는 얘기다.

막강한 파워를 가진 가공식품업계의 로비도 걸림돌이다.

"가공식품업체들은 자기네들의 이익을 지키기 위해 정·관계에 로비를 한다. (식품첨가물 금지 등의) 법제화를 시도한다면, 업계가 그

렇게 하도록 가만두지 않는다. 갖은 방법으로 로비를 해서 법제화를
못 하도록 막는다."고 안 소장은 설명했다.

아울러 학자들의 양심 문제도 빼놓을 수 없는 부분이다. 학계는
유해첨가물에 관한 독자적인 목소리를 내려고 해도, 업계의 압박이
만만치 않아 스스로 포기하는 경우가 많다는 것이다.

"학계에서는 기업 이익에 반하는 연구결과를 내기 어렵다. 그런
얘기를 하는 순간, 식품업계에 찍혀 연구비 지원을 받기 힘들고 교
수직을 유지하기도 어렵다. 식품업계의 힘이 보통이 아니다. 제자들
이 졸업 후 진출하는 곳이 식품업계이므로 양심적인 목소리를 쉽게
내지 못하는 것이다."

하지만 모든 학자들이 식품첨가물의 유해성을 쉬쉬하는 것은 아
니다. 트랜스지방산 연구의 권위자인 미국 메릴랜드 주 영양사협회
장 메리 에닉(Mary Enig) 박사는 지방 연구가들 사이에서 신망이 두
터운 학자로 유명하다. 유지업계에서는 에닉 박사를 '경계대상 1호'
의 인물로 지목하고 필사적으로 그의 발언을 봉쇄하고 압박했지만,
그는 강직하게 트랜스지방산의 유해성을 연구하고 공론화시켰다.
오늘날 많은 사람에게 트랜스지방산의 위험이 알려진 것은 에닉 박
사의 굳건한 양심 덕분이다.

안 소장 역시 2005년 식품첨가물 유해성을 밝히는 책을 집필한 뒤, 식품업계의 많은 압박을 받았던 경험이 있다. "법적 대응이 들어오기도 했고, '활동하지 말라'는 노골적인 협박도 받았다. 나로 인해 과자가 팔리지 않아서 부도 나는 사람도 봤다. 그래서 한동안 언론에 나가지 않고 조용히 있었던 적도 있다. 진짜 내가 하고 싶은 일이 무엇이고, 옳은 일이 무엇인가 고민한 끝에 결국 이 길을 쭉 걷게 됐다."고 말했다.

안 소장은 여러 가지 문제를 떠나 정치인, 고위직 관료가 유해첨가물을 금지하고자 하는 의지만 있다면 얼마든지 가능하다고 강조했다. 노르웨이, 스웨덴 등 북유럽 국가가 독단적으로 타르 색소 사용을 금지한 것처럼 말이다. 특히 노르웨이는 타르 색소의 안정성이 밝혀질 때까지 사용하지 않겠다는 단호한 입장을 보이고 있다.

"정치인이나 고위직 관료의 의지만 있다면 얼마든지 법제화가 가능하다. 하지만 그들은 이 문제가 중요하다고 생각하지 않는다. 이것보다 중요한 게 더 많다고 생각한다. 그들은 식품업계의 로비를 먼저 생각하고, 국민건강은 뒷전으로 놓는다. 그러면서 앞에서는 국민건강을 운운한다."

이렇듯 변화를 이뤄내는 데는 걸림돌이 많이 있지만, 안 소장은 소비자들의 인식이 바뀌는 게 가장 중요하다고 강조했다.

"가공식품 시장이 너무나 거대해 스스로 변화를 기대하긴 어렵다. 지금 상황에선 자연도태 되도록 하는 수밖에 방법이 없다. 그렇게 만들려면 소비자들이 사 먹지 않는 것이 가장 현실적인 방법이다. 해로운 것을 먹지 않고, 먹이지 않으려는 소비자들의 마음이 뭉치면 하루아침이라도 문제를 해결할 수 있다."

소비자들이 가공식품을 외면하고 친환경식품을 찾는다면 자연스레 식품업체들도 첨가물이 많이 들어간 제품을 생산하지 않고, 보다 친환경적인 제품 생산에 몰두할 수밖에 없을 것이라는 게 안 소장의 설명이다.

"미국 소비자들은 정부의 결정을 믿기보다 자기 건강은 자기가 챙긴다는 의식이 강하다. 반면, 우리나라 국민은 자기 건강을 나라에 맡겨놓는 경향이 있다. 식품회사가 알아서 잘 만들 것이라는 순진한 생각으로 말이다. 이제는 소비자들이 적극적으로 알려고 노력해야 한다."

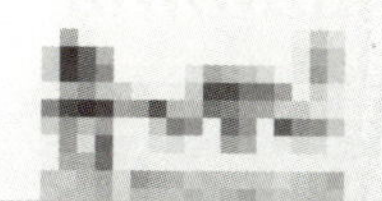

안 소장은 "암, 고혈압, 심장병, 중풍, 아토피까지 현대병에 걸린 사람들이 왜 병에 걸렸는지를 살펴보면, 그 배경에는 반드시 잘못된 음식이 있다."며 "자기와 관련이 없다고 생각하지 말고, 스스로 자신의 식생활에 대해 잘 생각해 봐야 한다."고 힘줘 말했다.

아울러 안 소장은 "지금 아이를 키우는 30～40대 부모들은 가공식품이 급속히 팽창하던 시기에 자랐기 때문에 가공식품에 너무 물들어 있다. 이들은 유해한 가공식품의 최대 피해자"라며 "실제로 오늘날 면역력이 가장 약하고 비만도 역시 가장 높고, 생활습관병도 가장 많이 걸리는 세대가 바로 30～40대다. 가공식품에 물든 이들이 지금 자신의 생활습관 그대로 아이들을 키우고 있는 것"이라고 말했다.

끝으로 안 소장은 아이를 키우는 부모들에게 "값이 나가긴 하지만 친환경적으로 만든 과자, 라면, 아이스크림 등이 판매되고 있다. 당장은 비용이 조금 더 들어갈지 몰라도, 길게 보면 오히려 더 싼 것이다. 사소한 돈에 연연하다가 나중에는 병원비 등 더 큰 목돈이 들어갈 수 있다."며 "조금 번거롭고 불편하더라도 엄마표 기호식품을 만들어 먹이고 웰빙식품을 사서 먹이는 것이 좋다."고 조언했다.

"피아노, 미술, 영어학원에 보내고 가정교사를 모시는 등 조기교육을 시키기 전에, 제대로 된 식생활 교육부터 시켜야 한다. 먹는 게 제대로 이뤄져야 진짜 교육이 된다. 부모는 아이에게 좋은 음식을 어떻게 먹일 수 있는지에 대한 고민부터 시작해야 한다."

과자 · 음료 · 아이스크림 유혹,
대화로 풀자

* 몸속에 들어가서 좋은 역할을 하는 음식과 나쁜 역할을 하는 음식에 대한 이야기를 재미있게 해준다.

* 첨가물표를 함께 보거나 "사탕은 설탕으로 만들었는데, 왜 빨간 색깔이 날까?" 등 아이가 호기심을 갖도록 한다.

* 아이에게 "너무 먹고 싶어서 눈물이 나올 것 같을 때는 엄마에게 말해요."와 같은 말을 해주어 아이가 정말로 원할 때는 사줄 수도 있다는 여지를 남겨서 아이가 스스로 조절할 수 있도록 한다.

* 가끔은 아이가 원하는 것 이상으로 듬뿍 사준다. 특히 생일, 소풍, 친구들이 놀러 왔을 때가 좋다.

* 제 시간에 밥을 먹여서 아이가 허기지지 않도록 하고, 평소 자극적인 음식을 많이 먹지 않는 식습관을 갖게 하면 커가면서 자연스럽게 아이 스스로 조절하게 된다.

* 시장을 함께 보러 다니면서 "과자는 1,500원인데, 이 시금치는 2,500원이야, 엄마도 지금 너무 피곤해서 과자를 먹으라고 했으면 좋겠지만 널 너무 사랑하기 때문에 엄마는 더 비싼 시금치를 사서, 다듬고, 데치고, 맛있게 무쳐서

주려는 거야."와 같은 말을 해준다. 실제 가격을 비교해 주면서 돈이 없어서가 아니라 아이를 사랑해서라는 점을 계속 강조해 준다.

＊ "나쁜 아저씨들이 독을 넣었어, 이것 먹으면 큰일나."와 같은 말은 하지 않는다. 왜냐하면 아이가 세상에 부정적인 시각을 가질 수 있기 때문이다. 대신 "이것 만드는 아저씨는 아직 잘 모르나 봐. 이렇게 만들면 아이들이 자꾸 아프다는 걸 우리가 알려줘야겠다." 같은 긍정적인 말을 해준다.

＊ 아빠나 친척, 아이의 친구들 앞에서 우리 아이가 과자를 먹고 싶어도 꾹 잘 참는다며 칭찬을 아끼지 않는다.

– 〈아토피을 잡아라〉(다음을 지키는 사람들, 시공사, 2002)에서 인용

분유는 과연 안전하다고
말할 수 있는가?

엄마젖을 대신할 수 있는 분유는 아직 음식물을 섭취하지 못하는 아기들에게 매우 중요한 영양 공급원이다. 하지만 지난 10년간 분유의 안전성을 두고 논란이 계속돼 왔다. 공업용 재료 멜라민, 방사능 물질 세슘, 중금속 납은 물론 박테리아와 대장균까지 검출됐다는 충격적인 뉴스가 이어지면서 엄마들을 불안하게 했다.

나뭇조각, 벌레, 구더기 등 각종 이물질이 검출되는 일은 다반사로 일어나고 있다. 소가 먹는 유전자조작 옥수수 사료를 두고서도 끊임없이 논쟁이 벌어지고 있다. 분유를 두고, 왜 이러한 불미스러운 사건이 끊이지 않고 있는 것일까?

멜라민 분유 파동

먼저 '멜라민 분유 파동'은 중국의 한 악덕 분유 제조업체가 공업용 화학물질인 멜라민을 분유에 섞어 팔았던 사건이다. 당시 이 분유를 먹은 아이들 중 6명은 사망했으며, 30만 명에 달하는 아이들이 신장결석과 배뇨질환을 앓아 난리가 났다.

피해를 입은 영유아의 수가 상당한 것은 물론이고, 위험 취약계층인 영유아의 식품에 이 같은 독성물질이 함유됐다는 점에서 이 사건은 세계인을 경악케 했다. 특히 전세계의 많은 부모들은 분유뿐만 아니라 이유식, 과자, 음료수 등 내 아이 먹을거리에 대한 의심과 걱정의 끈을 놓지 못했다. 이후 소비자들의 우려가 눈덩이처럼 불어나면서, 결국 최소 11개국이 중국 제품 수입을 전면 중단하기에 이르렀다.

멜라민 분유의 피해

이번 파문은 2008년 6월 28일 이후 간쑤(甘肅)성 성도인 란저우(蘭州)시 인민해방군 제1병원에서 영아 16명이 신장결석이나 요도결석 증상으로 입원하면서 시작됐다. 입원한 영아들은 모두 같은 상표인 값싼 싼루(三鹿)사 분유를 먹은 것으로 확인됐다.

며칠 뒤 다른 병원에 입원한 환자를 통틀어 59명의 아기가 같은 증세를 호소했고, 그중 한 영아가 사망하면서 이 사건은 전국적인

엄마…
먹기
싫어요!

관심을 받기 시작했다.

사실 분유를 먹고 신장결석에 걸린 유아들의 사례는 2008년 7월 중순에 이미 보고됐다. 또 중국 당국은 8월 2일 싼루사로부터 분유가 멜라민에 오염됐다는 사실을 보고 받았지만, 곧바로 식품안전조사에 착수하지 않고, 2008 베이징올림픽이 끝날 때까지 이 사실을 은폐한 것으로 조사됐다.

게다가 해당 분유를 제조한 싼루 그룹 역시 6월 이전부터 신장결석증에 걸리는 아기들이 발생하고 있다는 항의를 받고서도 아무런 조치를 취하지 않고 있다가, 9월 중순에야 제품 리콜을 실시한 것으로 드러났다.

당국의 소홀한 대응과 기업의 늑장 대응으로 소비자들은 분통이 터졌고, 사태의 피해는 걷잡을 수 없이 커졌다. 멜라민 분유 피해가 보도된 2주 후에는 무려 5만 명이 넘는 아이들이 신장결석에 걸렸고, 영아 4명이 사망하기에 이르렀다.

그해 말에는 싼루 그룹을 비롯해 22개 기업의 분유에서 멜라민 성분이 검출되는 충격적인 결과가 나왔고, 6명의 영유아가 사망, 약 29만 4,000명의 영유아가 신장결석 등의 질병에 걸린 사실이 공식 집계되면서 중국은 유례없는 사고로 '저질 분유 국가'라는 치명적 오명을 얻게 됐다.

멜라민, 왜 해로운가?

멜라민(Melamine, C3H6N6)은 암모니아와 탄산가스로 합성된 요소 비료를 가열해 생산된 공업용 화학물질이다. 플라스틱, 염료, 접착제, 합성섬유, 내연제 등의 재료로 사용된다.

멜라민을 섭취할 경우 요로결석과 급성신부전 등 신장계통 질환이 발생할 수 있다고 알려져 있다. 또 신장 분비 기능에 이상이 생겨 호흡곤란, 의식불명 등의 증세가 나타나며 심하면 사망에 이르기도 한다. 전문가들은 멜라민 자체의 급성독성은 낮은 편이지만, 멜라민이 든 분유를 주식으로 했던 영유아처럼 멜라민 섭취량이 많거나, 노약자 · 영유아 · 신장질환자 등 면역이 약한 계층에는 특히 위험하다고 입을 모은다.

실제로 2008년 9월 이상호 경희대학교 교수(신장내과)는 "쥐에게 4,500mg의 멜라민을 130주 동안 투여했더니 방광결석이 나타났다."고 실험결과를 밝힌 바 있다. 또 경제협력개발기구(OECD)와 세계보건기구(WHO)의 멜라민 독성평가를 보면 '반복적으로 투여 시 신장결석이 발생했고, 쥐 수컷에 고농도 실험을 실시 한 결과 방광암이 발생했다.'는 내용을 확인할 수 있다.

멜라민, 왜 넣었나?

그렇다면 이같이 해로운 물질을 왜 분유에 첨가했을까? 돈에 눈
먼 업자들이 싼값에 분유 속 단백질 함량을 높여 팔기 위해서다.

중국은 유제품에 물을 타는 것을 방지하기 위해 제품 속의 단백질
함량을 측정한다. 또 단백질 함량에 따라서 유제품 등급을 매기는
데, 품질검사에서 높은 등급을 판정받기 위해서는 단백질 함량이 높
아야 한다.

식품에 들어 있는 단백질 함량을 측정하는 방법으로는 켈달법
(Kjeldahl method)을 사용한다. 단백질에 들어 있는 질소 함량을 측정
해 거꾸로 단백질의 양을 유추해 내는 방법이다. 탄수화물, 지방 등
다른 식품 구성성분은 질소를 포함하고 있지 않기 때문에 단백질을
측정하기 위해서는 이 방법이 비교적 정확한 측정법으로 쓰인다고
할 수 있다.

문제의 멜라민은 질소 함량이 무려 66%에 이른다. 때문에 일반식
품에 조금만 첨가해도 단백질이 많이 함유된 것처럼 눈속임할 수 있
다. 중국 업자들은 돈에 대한 욕심으로 이를 악용한 것이다. 멜라민
을 분유에 섞으면 질소의 양이 많아지고, 단백질 함량이 높은 것으
로 결정돼 고급제품으로 둔갑시킬 수 있었던 것이다.

결국 그해 말부터 이듬해 초까지 멜라민 분유 제조·유통에 관여한 자들은 모두 체포됐으며, 싼루 그룹의 책임자들과 간쑤성의 몇몇 관리들, 국가품질감독검사총국의 책임자들은 사태에 대해 책임지라는 소비자들의 압력으로 사퇴하거나 해고됐다.

멜라민 분유 파동 그후

이번 사태로 중국산 제품에 대한 국제신뢰도는 바닥을 쳤다.

대만의 한 식품회사는 중국산 유제품을 원료로 쓴 커피, 차 등을 바로 리콜 조치했고, 일본의 한 식품회사는 중국산 유제품이 원료로 쓰인 과자 등 2,800개 식품을 회수했다. 우리나라와 싱가포르도 멜라민이 함유된 중국산 유제품에 대한 수입을 전면 중단했고, 홍콩 등에서도 멜라민 검출 제품 회수에 나섰다.

유럽에서는 이탈리아가 가장 먼저 반응했다. 이탈리아는 중국의 멜라민 분유 파문이 확산되자 600톤이 넘는 중국산 유제품 첨가식품들을 압수하고 중국산 유제품 함유 식품류에 대한 수입을 전면 금지했다. 프랑스도 중국산 비스킷 · 초콜릿 등의 수입을 중단했다. 심지어 부룬디, 가봉, 탄자니아 등의 아프리카에서도 중국산 유제품의 수입을 금지하고 나섰다.

특히 우리나라는 '멜라민 분유 파동'으로 분유뿐만 아니라 가공식품 전반에 대한 소비자들의 불신이 심화되면서, 보건당국이 한동안 식품에 대한 멜라민 검사에 주력했다. 이 과정에서 미사랑코코넛, 카스타드 등에서 멜라민이 검출돼 해당 기업은 제품의 국내 유통량 전량에 대해 즉각 리콜을 실시한 바 있다.

식약처는 멜라민 분유 사태 이후 소비자들의 불안을 잠식시키기 위해 그해 12월 식품의 멜라민 기준을 마련하기도 했다. 분유, 이유식 등 영유아용 식품과 특수의료용 식품에 대해서는 '불검출', 나머지 식품은 '2.5ppm 이하' 검출을 허용하면서 이 사태를 매듭지었다.

중국 당국 역시 최근 분유 등 영유아 식품 품질검사를 한층 강화하는 내용을 골자로 하는 강력한 식품안전법 시행을 예고했다. 이 안전법이 시행되면 영유아 식품에 대해서는 주문자 상표 부착(OEM)을 하지 못하고, 생산협력업체 등록제를 실시해야 한다. 또 분유 등 영유아 식품 생산업체의 원재료 사용부터 완제품 생산까지 전 과정에 대한 품질관리시스템을 마련하고, 표본검사 확대, 분유 생산업체의 국무원 식약품감독관리 기관 등록 등을 명시해야 한다.

옥수수 사료의 습격

"특정 사료만 먹게 되면 소는 필요한 것을 찾아 먹는 본능이 사라지고, 결국 저질 고기, 저질 우유가 나오게 된다."

미국 샌프란시스코의 의사인 톰 코완(Tom Cowan) 박사가 SBS 스페셜 〈옥수수의 습격〉 제작진과의 인터뷰에서 오늘날 소를 사육하는 방식에 대해 충고한 말이다.

자연의 섭생에 따라 소는 사람이 소화할 수 없는 다양한 풀들을 먹고 자란다. 그런데 1970년대 이후부터 전세계 소의 사료가 옥수수로 단일화되면서, 소고기는 물론 소의 부산물인 우유, 버터, 치즈, 심지어 분유까지 모든 성분이 변화돼 우리의 식탁을 반격하기 시작했다.

축산업의 중심은 옥수수 사료

세계 소고기 산업을 주도하는 미국 중서부 지역에는 소를 집중 사육하는 대형시설인 '피드롯(Feedlot)'이 드넓게 펼쳐져 있다. 심지어 청정의 나라, 방목의 나라로 잘 알려진 호주에서도 피드롯은 7,000개가 넘을 정도로 피드롯은 이미 소고기 산업의 중심에 자리 잡았다. 이곳의 소들은 대부분 90% 이상 옥수수로 구성된 사료를 먹는다. 옥수수 사료를 먹이는 이유는 더 빨리 더 많이 살을 찌우고 마블링(근육 사이사이에 낀 지방)을 좋게 만들기 위해서다.

하지만 옥수수 사료를 먹는 소에서 얻는 고기와 초원에서 자란 소에서 얻은 고기는 화학적 구성 자체가 다르다. 책 〈옥수수의 습격〉(유진규, 황금물고기, 2011)과 2010년 10월 방송된 SBS 스페셜 〈옥수수의 습격〉 다큐멘터리에 따르면 초원에서 자란 소는 다양한 풀을 먹고 자라기 때문에 고기에도 풀이 가지고 있는 여러 가지 성분이 함유돼 있다. 반면에 피드롯에서 자란 소는 오직 옥수수 사료만 먹기 때문에 고기의 성분이 상당히 제한적일 수밖에 없다.

또 옥수수 사료를 먹은 소는 고농도의 사료를 집중적으로 먹고 크기 때문에 초원의 소보다 포화지방이 10배 이상 많다. 초원의 소고기와 이들 소로 만든 축산품이 피드롯의 소고기와 축산품보다 사람에게 건강한 것은 당연하다.

소는 불포화지방(오메가3계 지방산과 오메가6계 지방산으로 구분된다)을 스스로 합성하지 못하는 동물이다. 먹이에서 불포화지방산을 얻을 수밖에 없다. 따라서 오메가3, 오메가6 등 소고기의 오메가 지방산의 비율은 소가 섭취한 것에 따라 달라진다.

먼저 풀을 먹은 소고기의 오메가6와 오메가3 지방산 비율은 1:1~4:1 정도다. 이는 영양학자들이 권장하는 기준치다. 반면에 옥수수 사료를 먹는 소의 오메가 지방산 비율은 무려 20:1이다. 풀에는 오메가3가 풍부한 데 반해, 옥수수와 같은 곡물에는 오메가6가 오메가3보다 60배 넘게 많기 때문이다. 따라서 우리도 이들 소에서 생산된 소고기와 우유, 치즈 등 소의 가공식품을 즐겨 먹으면서 자연스레 오메가3보다 오메가6를 훨씬 더 많이 섭취하게 됐다.

오메가6, 무엇이 문제일까?

그렇다면 오메가3가 적고 오메가6가 많은 불균형적인 불포화지방 섭취는 우리 몸에 어떤 영향을 끼칠까? 먼저 전문가들은 암세포를 키울 수 있다고 주의를 준다. 2008년 캘리포니아대학 연구팀은 쥐를 대상으로 진행한 연구결과를 〈암연구저널〉에 발표했는데, 이 연구결과에 따르면 특히 오메가6 지방산으로 구성된 옥수수 기름 지방으로 전체 섭취 칼로리의 40%를 섭취한 쥐들은 옥수수 기름 지방 12%만 섭취한 쥐들보다 전립선암 발병률이 27% 높았다.

또 앞서 UCLA 암센터의 존 글래스피(John Glaspy) 박사가 〈국립암연구소저널〉(Journal of the National Cancer Institute)에 발표한 연구결과

를 보면, 쥐에 인간 유방암을 이식하고 오메가6 지방이 많이 들어 있는 옥수수 기름 등을 먹였더니 암이 훨씬 빨리 자랐다. 뿐만 아니라 오메가6가 많은 마가린 등을 섭취한 여성에게서 유방암 발병률이 높다는 결과가 10년 전부터 그리스, 미국 등에서 발표되고 있다.

과다한 오메가6는 심장질병과도 깊은 관련이 있다. 1980년대 말 프랑스에서는 심근경색을 앓았던 환자 600명을 두 그룹으로 나눠 한쪽은 오메가3가 풍부한 식단을, 다른 쪽에는 오메가6가 풍부한 식단을 제공하는 실험을 했다. 하지만 실험은 2년 만에 중단됐다. 그 이유는 오메가6 식단을 먹는 집단에서 심근경색이 재발돼 16명의 사망자가 나왔기 때문이다.

오메가6 지방산은 동맥을 수축시킨다. 동맥이 수축되면 심장은 몸 구석구석으로 혈액을 공급하기 위해 더 열심히 뛰어야 한다. 따라서 고혈압이 유발된다. 고혈압은 혈소판 이상을 초래하고 혈액응고 위험을 높여 심장마비, 뇌중풍 등으로 이어질 수 있다고 전문가들은 경고한다.

아울러 과다한 오메가6는 비만과도 연관된다. 오메가6는 식욕을 증진시키는 '엔도카나비노이드' 류의 성분을 만들어내는데, 이 성분이 많아지면 더 먹고 싶은 욕망이 생기는 동시에, 인체는 섭취한 에너지를 최대한 몸에 저장하도록 설계된다. 또 지방세포 자체의 수와 크기를 늘리는 문제점도 있다. 한창 성장기인 자녀가 오메가6를 과다하게 섭취하면 지방세포가 과다 생성되고 성인이 됐을 때 비만이 될 수 있다.

위험은 여기서 끝나지 않는다. 오메가3가 적고 오메가6가 많은 불균형 식단은 과잉운동성장애(ADHD), 골다공증 등에도 영향을 미친다는 결과가 있다.

90% 이상은 유전자조작 사료

옥수수 사료는 오메가6의 영양학적 문제만 있는 것이 아니다. 소가 먹는 옥수수 사료가 유전자조작식품(GMO)이라는 점도 눈여겨봐야 한다.

미국 농업부의 2013년 통계에 따르면 미국의 사료용 옥수수 90%가 GMO인 것으로 조사됐다. 호주 역시 GMO 농작물을 생산하는 주요 국가이고, 사료용으로 GMO 옥수수를 사용하고 있다. 한국의 상황도 별반 다르지 않다. 한국은 지난해 GMO 농산물 897만 톤을 수입한 세계 2위의 GMO 수입 대국이다.

한국바이오안전성정보센터의 2013년 자료에 수입 GMO 작물 중 옥수수가 전체 수입량의 89.7%를 차지했고, 가축 사료 등 농업용은 81%였다. 피드롯만큼의 규모는 아니지만 우리나라도 GMO 옥수수 사료로 소를 사육하고 있는 것이다. 이제 세계에서 GMO 옥수수 사료를 먹이지 않은 소는 찾기 어려울 정도다.

GMO는 인위적으로 유전자를 조작해 만든 농산물이다 보니 안정성 논란이 끊이질 않는다. 실제로 2012년 프랑스 칸 대학의 세라리니 교수 연구팀은 미국의 학술지 〈식품과 화학독성학〉을 통해 GMO 옥수수 사료를 먹인 쥐가 대조군보다 조기 사망 가능성이 크다고 주장했다.

GMO는 인류가 한 번도 먹어보지 않았던 식품이라는 점에서 수천 년간 섭취를 통해 검증된 다른 식품들과는 달리 위험성을 가진 것은 당연하다. 지난해 한국소비자원은 'GMO 표시제도 개선방안 연구' 보고서에서 GMO 작물의 안전성 문제를 거론한 바 있다. 지적한 문제는 독성물질 생성 가능성, 장기간 축적돼 인체에 나쁜 영향을 미칠 가능성, 알레르기 유발 가능성, 필수 영양성분의 변화를 유발할 가능성, 항생제 내성 문제 유발 가능성 등이다.

GMO의 안정성이 명확히 규명되지 않으니, GMO 사료를 먹인 소에게서 얻은 고기와 축산품 등 역시 안정성이 보장될 리 만무하다.

GMO 옥수수 사료, 우리 아이의 입으로

한국은 GMO 옥수수 사료의 위험성을 직격탄으로 맞고 있다. 한국에서도 GMO 옥수수 사료로 소를 길러, 소고기와 축산물을 자체

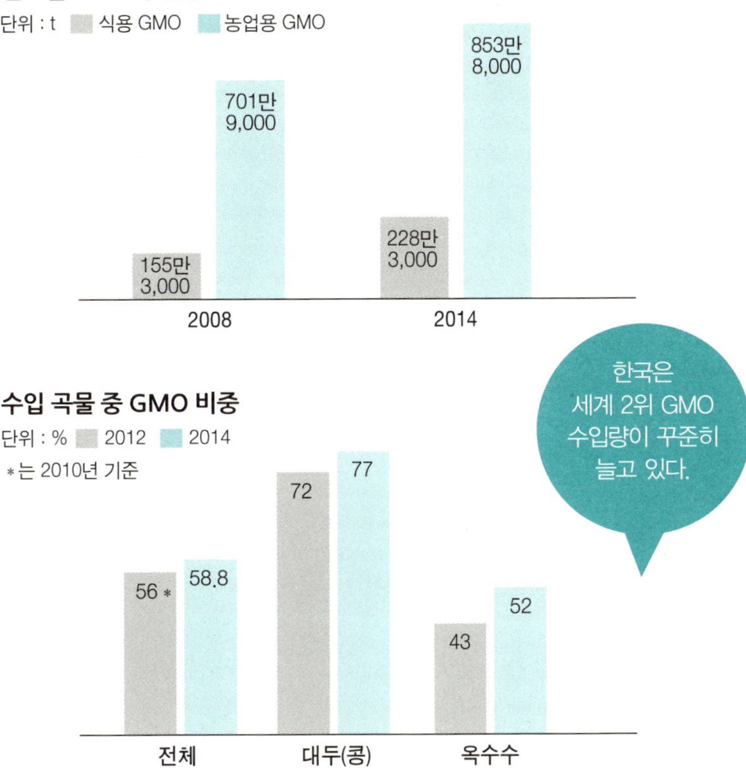

연도별 GMO 수입량
단위 : t   식용 GMO   농업용 GMO
701만
9,000
853만
8,000
155만
3,000
228만
3,000
2008
2014
수입 곡물 중 GMO 비중
단위 : %   2012   2014
*는 2010년 기준
56 *
58.8
72
77
43
52
전체
대두(콩)
옥수수
한국은 세계 2위 GMO 수입량이 꾸준히 늘고 있다.

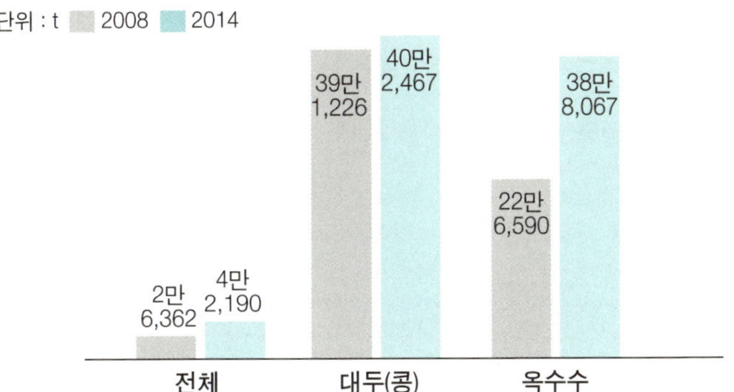

GMO가 주재료인 가공식품 생산량
단위 : t   2008   2014
39만
1,226
40만
2,467
22만
6,590
38만
8,067
2만
6,362
4만
2,190
전체
대두(콩)
옥수수
자료 : 국회 입법조사처

적으로 생산하고 있는데다가, 피드롯의 규모가 큰 호주와 미국애서 어마어마한 양의 소고기와 유제품도 수입하고 있기 때문이다.

우리나라는 연간 호주에서 15만 톤, 미국에서 10만 톤이 넘는 소고기를 수입하고 있다. 또 이들 국가에서 만든 치즈·분유·우유 및 크림·버터 등 유제품의 연간 수입량도 15만 톤에 육박한다. 이미 우리 아이가 먹고 있는 혹은 먹었던 우유나 분유 등은 이들 소로 만든 제품일 가능성이 적지 않다.

의사들은 이러한 사료를 먹인 소에서 얻은 고기는 물론, 소의 부산물인 우유, 치즈, 분유 등 역시 오메가6 및 포화지방산 등이 가득하다고 입을 모은다. 특히 이들 소의 젖으로 만든 유제품이나 분유는 오늘날 한 살도 채 되지 않은 아기들에게까지 나쁜 영향을 주고 있다고 말한다.

건강한 풀을 먹고 자란 소에서 생산되는 우유와 분유는 당연히 GMO 옥수수 사료를 먹은 소에서 생산된 우유, 분유와 다르다. 야생초를 먹고 자란 소에서 짠 우유와 분유 등은 오메가3와 오메가6의 비율이 적절하기 때문에 건강한 필수지방산을 섭취할 수 있도록 돕는다.

오메가3가 풍부한 건강한 필수지방산은 아이의 신체·정신 건강에 무척이나 중요하다. 먼저 오메가3와 오메가6가 충분한 균형을 이룰 때는 우리 몸의 염증이 억제된다. 또 건강한 필수지방산은 콜레스테롤 수치를 낮추고 혈액순환 흐름을 원활하게 해 심혈관 질환 예방 등의 효과가 있다.

이뿐만이 아니다. 골밀도를 높여 뼈를 튼튼하게 유지시켜 준다는 실험결과도 있다. 텍사스 주립대 연구팀에서 골밀도 실험을 했다. 실험용 쥐를 두 그룹으로 나눠 한 그룹에는 10%의 옥수수 기름(오메가6)을, 다른 그룹에는 10%의 생선 기름(오메가3)을 섞어 사료를 먹였더니, 6개월 후 생선 기름을 먹은 그룹의 쥐들은 다른 그룹보다 골밀도가 20%나 증가했다.

건강한 필수지방산은 정신과도 밀접한 연관이 있다. 전문가들은 오메가3가 두뇌발달에 도움을 주고, 심지어 우울증 등에도 효과가 뛰어나다고 전한다.

GMO 옥수수 사료의 위험으로부터 아이를 지키고, 분유를 비롯한 건강한 유제품을 먹이고 싶다면, 최소한 구입하기 전에 구매할 제품의 이력을 살펴보는 노력이 필요하다. 즉 어떤 사료를 먹여 키운 가축이 생산한 제품인지 그리고 어디에서 생산됐는지를 일일이 따져보는 것이 우리 아이를 지키는 유일한 방법이다.

좋은 분유 고르는 방법

　　분유는 소젖을 가공한 후 철분, 비타민 등 부족한 영양소를 첨가해 모유와 최대한 유사하게 만든 것이다. 물론 분유마다 성분이 조금씩 다르긴 하지만, 아기의 성장에 필요한 주요 영양소들은 거의 비슷하게 들어가 있으므로 새로운 제품이나 '명품', '프리미엄' 등의 단어에 현혹될 필요는 없다. 중요한 것은 내 아기의 발달 단계와 몸에 맞는 안전한 분유를 고르는 것이다.

안전한 우유로 만들어진 분유를 고른다

　　우선 일반 가정에서는 분유에 멜라민이 함유됐는지 안 됐는지에 대한 검사가 불가능하지만, 분유 겉면에 기재된 원재료 표시사항을 살피면 중국 멜라민 분유 파동으로 문제가 된 원유나 탈지분유의 원산지 등을 확인할 수 있다.

　　식약처 제품표시 기준에 따르면 제조업체는 제품 겉포장에 제품명, 제조연월일, 내용량은 물론이고, 업소명과 소재지, 원재료명, 성분명 및 함량, 영양성분을 모두 표시하도록 돼 있다.

　　아울러 청정지역에서 자연 방목으로 길러진 소의 원유인지 살펴보자. 식약처에 따르면 2015년 12월부터는 분유 등 축산물 가공품에 대해 축산물 이력제가 도입되는데, 이 제도가 실시되면 축산물의 원산지부터 제조일자, 유통기한, 출하를 비롯한 유통과정 등의 모든 식품정보를 소비자가 직접 확인할 수 있다.

아직 이 제도가 의무화되지 않았어도, 방목된 소로 분유를 가공하는 업체들은 좋은 원유로 만들었다는 사실을 강조하기 위해 제품 겉면에 이러한 정보를 자발적으로 표시하고 있다.

샘플을 먹여본다

분유의 성분은 비슷하다고 해도 분유마다 맛이나 향 등은 미묘하게 다르다. 또 아기가 설사를 하는 등 몸에 잘 맞지 않는 분유가 있을 수 있으므로 분유 샘플을 먹여본 후, 아기에게 가장 맞는 것을 구입하도록 하자.

몇몇 분유사들은 홈페이지에서 회원가입을 하거나 신청할 경우, 샘플 스틱을 무료로 제공해 준다.

분유 외관도 잘 살피자

제품 겉면에 적힌 유통기한이 충분한지를 체크하고, 캔 외형에 녹이 슬어 있거나 한 부분이 움푹 팬 제품은 피하도록 한다. 심하게 훼손된 경우에는 분유까지 오염될 수도 있기 때문이다.

GMO? 안전하지 않다면 위험한 것!

GMO(Genetically Modified Organisms)는 자연적으로 발생하지 않은 유전적 형질(DNA)를 인위적으로 변형시켜 생산한 생물체를 가리키는 말이다. 시작은 기존 농산물의 생산증대였지만 과학적으로 완전히 검증되지 않아 안전성에 대한 논란이 끊이지 않고 있다. 2008년 현재 우리나라에서 안전성 심사를 거쳐 승인한 GMO는 7개 농산물(콩, 옥수수, 카놀라, 알팔파, 사탕무, 감자, 면화) 54개 품목이다.

자연적으로 일어날 수 있는 종들 사이에서 유전자를 바꿔 새로운 종을 탄생시켰으니, 당연히 부작용이 생길 수 있다. 하지만 현재의 과학 수준에서 안전하다는 가정 아래 GMO 승인이 이루어지고 있다. 우리나라는 2001년부터 GMO에 대한 정보를 표시하도록 의무화했다. 단, 3% 미만 섞인 경우와 최종제품에서 GMO 성분이 검출되지 않은 가공식품, 주요성분 상위 5가지 내에 GMO가 포함되지 않은 경우 표시가 면제되고 있어 보완이 필요하다는 지적이다.

생활 속에서 GMO 식품을 피할 수 있는 방법을 알아보자.

＊ GMO가 흔한 식품의 섭취를 줄인다

　GMO 작물은 콩, 옥수수, 면(식물성 기름용), 카놀라(식물성 기름용), 호박, 파파야 등이 가장 흔하다.

＊ 유기농 식품을 먹는다

　유기농 식품은 GMO 씨앗을 사용하지 않는다.

＊ **목초지에서 자란 고기를 먹는다**

소, 돼지, 닭, 양식 물고기는 GMO를 사료로 사용하는 경우가 많은데, 풀을 먹고 자란 고기를 먹으면 GMO 사료를 사용할 위험이 줄어든다.

＊ **콩과 옥수수 성분에 유의하자**

GMO의 비율이 가장 높은 식품은 콩과 옥수수이다. 콩과 옥수수는 정말 많은 식품 생산에 사용되기 때문에 각별한 주의가 필요하다. 옥수수시럽이나 콩 레시틴(난황, 콩기름 등에 포함되어 있는 복합지질) 성분이 포함되어 있는 식품은 피하자. 라벨을 꼼꼼히 보고 선택해야 한다.

＊ **농수산 직거래 장터나 로컬푸드 매장을 이용하자**

대형마트보다는 지역 농민들이 운영하는 장터는 GMO 식품으로부터 안전할 수 있다.

병든 먹거리로 만드는 이유식

쇠고기(안심) 40g, 불린 쌀 6큰술, 다시마 5cm 길이 2장, 물 2컵, 생표고버섯 1장, 당근과 호박 한 조각씩, 참기름 1작은술.

안나(가명) 씨가 내일 만들 이유식 재료다. 반절 분량으로 나눠 낮에는 '쇠고기 버섯죽'을 만들어 먹이고, 저녁에는 '쇠고기 야채죽'을 해줄 생각이다.

안나 씨는 요즘 8개월 된 아들에게 매일매일 소고기를 먹인다. 육아 선배들의 얘기를 들으니 '세 돌까지 먹는 소고기는 다 성장으로 간다'고 하기에 아낌없이 주고 있다. 지금은 한 끼에 20g씩 두 번 해서 하루에 손바닥 반절 크기만큼 먹이는데, 이유식 완료기부터는 다른 엄마들처럼 하루에 손바닥만한 크기까지 양을 늘릴 생각이다.

소고기를 매일 먹이다 보니 비용이 만만치 않게 든다. 수입산 소고기보다 비싸도 꼭 한우를 사고, 그중에서도 건강에 더 좋다는 무항생제 마크가 있는 소고기를 골라서 사기 때문에 부담이 좀더 큰 편이다. 그래도 안나 씨는 아이가 세 돌이 될 때까지 이 방식을 꼭 유지할 생각이다. 아이의 건강과 발육, 둘 중 하나도 놓치고 싶지 않기 때문이다.

엄마 눈에 보이지 않는 식재료의 본모습

이유식 시기의 아이는 빨기만 하는 섭취 방법을 서서히 졸업하고 꼭꼭 씹어 삼키는 방법과 다양한 맛에 길들여지며 본격적인 성장·발달을 시작한다. 아이의 성장·발달에 민감할 수밖에 없는 엄마는 이유식에 많은 신경을 쓴다. 좋은 재료를 골라 건강하게 조리하기 위해 본인이 먹는 것보다 더 신경 써서 이유식을 만들곤 한다.

그러나 우리 아이의 건강한 성장을 위한 좋은 식재료를 찾기란 생각처럼 쉬운 일이 아니다. 물론 가까운 마트에서 깨끗하게 잘 포장된 식재료들을 쉽게 살 수는 있다. 그러나 그 재료가 식탁에 올라오기까지의 과정을 소비자는 전부 알 수가 없다. 안나 씨의 경우처럼 무항생제 마크가 있는 상품을 구매하는 등 노력을 할 수는 있다.

하지만 모든 식품의 생산·유통 과정을 검증하는 표기나 정보를 일일이 확인하며 상품을 구매하기란 어려운 일이다. 또 이러한 정보마저도 누군가 나서서 가르쳐주지 않으면 평범한 소비자로서는 진짜 깨끗하고 건강한 상품이 무엇인지 알 도리가 전혀 없다.

소고기 ≠ 단백질

머리카락 내 탄소 성분 연구의 대가인 미국의 한 화학 교수에게 평범한 한국인 두 명의 머리카락 실험을 의뢰했다. 머리카락의 주성분인 단백질을 구성하는 원소 중에는 탄소가 큰 부분을 차지하는데, 이를 분석해 평소 먹었던 음식의 정보를 알아내는 게 교수의 전문 분야였다. 실험결과 한 사람은 16%, 다른 한 사람은 34%의 옥수수 성분이 머리카락 내 탄소에서 검출됐다. 두 사람 다 옥수수는 일 년에 한두 번 먹는 게 전부였다.

이들의 머리카락에서 평소 먹지도 않았던 옥수수가 검출된 이유는 뭘까?

이 실험은 SBS 스페셜 〈옥수수의 습격〉을 통해 방송된 내용이다. 취재진은 평범한 한국인이 먹이사슬을 통해 옥수수를 얼마나 섭취하고 있는지 조사하려고 이 실험을 전문가에게 의뢰했다. (앞서 분유 문제를 다룰 때 설명했던 것처럼) 옥수수를 직접 먹지 않더라도 우유나 달걀, 혹은 이를 가공한 식품들을 비롯해 소, 돼지, 닭고기 등을 통해 우리 몸에 옥수수가 차곡차곡 쌓이고 있다는 게 방송의 골자였다.

우리(cage) 안에서 옥수수 사료를 먹고 자란 소고기는 오메가6와 지방의 과다 섭취 문제가 아니더라도 단백질 음식이 아닌 '지방음식'이라는 문제점을 갖고 있다. 이유식으로 매일 소고기를 먹이는 부모들이 가장 주목해야 할 것은 이 부분이다.

옥수수 사료를 먹고 자란 소의 안심 등에서 포화지방 함량을 분석하면 풀 먹인 소나 다른 가축에 비해 월등히 높은 수치가 나온다. 〈옥수수의 습격〉 취재팀의 조사에서는 풀 먹인 소에 비해 옥수수 사료를 먹인 소의 안심 부위 포화지방이 최소 네 배 높았다. 지방이 제일 적어서 이유식에 주로 사용하는 안심 부위에도 이미 포화지방이 다량 함유돼 있다는 것이다.

GMO 옥수수 사료로 자라는 가축들

현재 우리나라의 축산 환경에서 옥수수 사료를 먹지 않고 자라는 소의 비중은 매우 적다. 몇몇 농가가 환경단체 등을 통해 볏짚, 콩깍지 등 원래 소가 먹는 사료를 먹여 키운 소를 공급하고는 있지만 그 양이 GMO 사료로 키운 소보다 월등히 적은 수치다. 사료를 만드는 옥수수는 국내 대관령 등지에서 생산되기도 하지만 상당수가 외국에서 수입된다. 세계적인 논란거리인 유전자변형 작물, 'GMO 옥수수'가 그 주인공이다.

962만 톤. 한국생명공학연구원 바이오안전성정보센터가 밝힌 지난해 우리나라의 GMO 옥수수의 수입량이다. 80% 이상은 사료 등을 위한 농업용으로 쓰인다는 게 이 센터의 분석이다. GMO 옥수수는 소를 비롯해 돼지, 닭, 오리 등 축산물 사료로 쓰이며, 수입량은 해마다 증가하는 추세이다. 현재 우리나라의 사료용 GMO 작물 수입량은 세계 2위다.

점점 늘어나는 인구의 식량 문제를 해결할 수 있는 대안으로 탄생된 GMO 작물은 스스로 해충을 쫓을 수 있을 만큼 강력한 독성을 가졌다. 제초제, 병해충에 내성이 있기 때문에 상품성은 아주 뛰어나다. 소를 비롯한 축산물들이 옥수수 사료를 먹게 된 근본적인 이유가 여기에 있다. 대량재배와 경제적인 유통이 가능하기 때문이다.

사람이 섭취했을 때 신체에는 아무런 문제를 일으키지 않는다는 게 GMO 작물을 만드는 기업 측의 입장이지만, 그 반대를 주장하는 환경단체 등의 입장도 거세다. GMO 작물의 역사가 20년 남짓이기 때문에 암 등 질병에 대한 무관함이 아직 전부 증명된 게 아니라는 게 첫 번째 이유다. 뿐만 아니라 점점 토양의 생리를 파괴해 지구 생태계와 사람에게 결국 해를 끼치게 된다는 게 그들의 주장이다.

사료용 GMO 작물 수입 2위, 식품용 GMO 수입 1위 국가인 한국은 GMO에 관한 여러 숙제를 안고 있다. 아직까지는 GMO 작물에 관한 법과 관리, 규제가 허술해 관련법의 보완과 철저한 시행이 정부에 요구되고 있다. 그 때문에 소비자의 개인적인 선택과 판단이 중요하다. 특히 아이를 키우는 부모로서 내 아이의 발육과 건강을 위해 GMO 식품에 대한 경계심을 늦추지 말고, 더 안전한 먹거리를 찾는 노력이 절실히 필요한 시점이다.

이유식 시기, 아기에게 건강한 입맛 들이기

이유식 시기는 식재료가 가진 그 자체의 맛을 익히는 기간이다. 아기에게 필요한 나트륨이나 당류는 재료 자체가 가진 성분에서 활용해야 한다. 소금이나 설탕 등으로 간을 하거나 조미료를 넣는 것은 절대적으로 금지된다. 때문에 이유식 시기의 아기에게 식품을 먹일 때 주의해야 할 점은 세 가지 정도로 요약할 수 있

다. 첫째는 식품 자체의 유해성, 둘째는 식품 재료에 잔류한 농약, 셋째는 아기용 과자나 시판 이유식 등에 함유된 식품첨가물이다.

첫 번째 주의사항인 식품 유해성을 차단하기 위해서는 친환경 식품과 해썹 마크가 있는 상품을 구매하는 것이 좋다. 아이에게 좀더 안전한 먹거리를 고르고 싶다면 식품에 관련한 안전성을 점검할 수 있는 최소한의 정보력이 필요하다. 국내에서는 생활협동조합 등 환경단체를 통한 친환경 물품·식품 구매가 가장 쉬운 방법 중 하나이다. 아이들에게 주로 먹이는 식품 원료의 안전성 여부 등 자세한 정보를 알려면 식약처에서 운영하는 식품나라 홈페이지(www.foodnara.go.kr)를 찬찬히 뜯어보면 많은 도움이 된다.

해썹(HACCP)이라고 표기된 마크가 있는 상품을 구매하는 것도 한 방법이다. 해썹은 위해요소 방지를 위한 사전예방적 식품안전관리체계를 뜻한다. 또한 해썹은 식품을 만드는 과정에서 생물학적·화학적·물리적 위해요인들이 발생할 수 있는 상황을 분석·차단해 소비자에게 안전하고 깨끗한 제품을 공급한다는 취지의 식품관리시스템이다. 즉 해썹은 국제기구나 유럽연합 등에서도 사용을 권장하는 식품안전체계이다. 앞서 언급한 소고기, 닭고기 같은 축산식품도 해썹 마크가 표기된 상품이 좀더 친환경적으로 관리된 상품이라고 볼 수 있다.

두 번째 주의사항인 식품 재료에 잔류한 농약은 올바른 세척방법만 알아두면 아이에게 유해한 식품 섭취를 차단할 수 있다. 식초나 소금, 숯, 베이킹파우더 등을 물에 풀었다가 닦으면 농약이 제거된다는 민간요법이 흔히 알려져 있는데, 식약처에 따르면 이는 근거가 없다. 가장 효과적인 방법은 '침지'라고 부르는 담금물 세척이다. 채소나 과일을 물에 1분 정도 담갔다가 물을 버리고 새로운 물을 넣어 손으로 저어주면서 30초 정도 세척하는 것을 두어 번 반복한 후 흐르는 물에 씻는 방법이다.

세 번째 주의사항인 식품첨가물은 대표적인 몇 가지 물질의 이름을 알아두는 것이 유용하다. 시중에서 구매하는 두부 등 신선식품이나 유아용 과자 등에 식품첨가물이 들어 있을 수 있고, 이유식 이후에는 더욱더 식품첨가물에 노출될 가능성이 높다. 따라서 주의해서

봐야 할 대표적인 식품첨가물 성분이 있다.

보존료 (Preservative)

식품에 생길 수 있는 미생물의 번식을 막아 부패를 방지하는 물질이다. 데히드로초산, 소르빈산 EWG 3등급, 소르빈산칼륨, 안식향산, 안식향산나트륨, 프로피온산 EWG 1등급, 파라옥시안식향산메틸 등이 있다.

산화방지제 (Antioxidant)

식품 내 지방이 산소에 의해 산화·산패 되는 것을 막는다. 품질 보존과 저장 역할을 한다. 디부틸히드록시톨루엔(BHT), 에리소르빈산, 아황산나트륨 EWG 2등급, 부틸히드록시안, L-아스코르빈산나트륨 등이 있다.

유화제 (Emulsifier)

물과 기름처럼 섞이지 않는 식품 원료를 섞는 역할을 한다. 글리세린지방산에스테르, 카제인나트륨, 레시틴 EWG 3~4등급, 데두레시틴 등이 있다.

안정제 (Stabilizer)

분말 등 물질이 식품에 일정한 상태로 퍼져 있게 한다. 구아검 EWG 1등급, 덱스트린 EWG 0등급, 젤란검 EWG 0등급 등이 있다.

산도조절제 (Acidity Regulator)

식품의 산도나 알칼리도를 조절한다. 식품의 맛을 좋게 하고 부패를 방지한다. 구연산삼나트륨, 제삼인산칼슘, 수산화나투륨, 아미드펙틴, DL-사과산나트륨 등이 있다.

감미료 (Sweetener)

적은 양으로도 설탕의 몇 배 이상 단맛을 낸다. 가공식품에 가장 많이 사용되는 물질 중 하나이다. 아스파탐^{EWG 0등급}, 자일리톨, 사카린나트륨^{EWG 1등급}, 슈크랄로오스^{EWG 0등급}, 아세설팜칼륨, D-소르비톨, 글리실리진산이나트륨 등이 있다.

착색료 (Color)

식품의 색을 더 좋아 보이게 만든다. 녹색3호^{EWG 4등급} 등 16개 품목이 있고, 캐러멜 색소, 베리류 색소 등이 있다.

착향료 (Flavoring Substances)

식품의 향을 더 좋게 만들거나 특정한 향을 내게 한다. 합성착향료, 바닐라향, 오렌지향 등이 있다.

향미 증진제 (Flavor Enhancer)

흔히 MSG라고 부르는 원료가 여기에 포함된다. 식품의 맛과 향을 더 좋게 만드는 역할을 한다. L-글루타민산나트륨 등이 있다.

식품첨가물이라고 해서 다 나쁜 것은 아니다. 식품첨가물은 식품을 제조·가공 또는 보존하는 과정에서 식품에 넣거나 섞을 수밖에 없는 물질이다. 따라서 구매할 식품에 들어가는 식품첨가물이 왜 쓰이는지 알아두고, 어떻게 손질해서 아이에게 주면 좋을지 알아두면 유해 성분을 최대한 차단할 수 있다.

식품을 구매할 때 겉면에 적힌 성분을 보고 궁금증이 든다면 식약처가 운영하는 어플리케이션 '식품첨가물스마트인포'를 사용하면 유용하다. 성분 이름을 검색하면 쓰임새를 자세히 알려준다. 역시 식약처가 운영하는 식품첨가물 공전 웹사이트(http://www.mfds.go.kr/fa)를 이용하면 식품첨가물에 관한 자세한 정보를 알 수 있다.

식품 원료의 안전성 검색

식품 원료의 안전성 및 자세한 정보가 궁금하다면?
식품나라(식품의약품안전처) http://www.foodnara.go.kr

식품첨가물 성분 검색

식품을 구매할 때 겉면에 적힌 성분이 궁금하다면?
식품첨가물 공전 http://www.mfds.go.kr/fa

어린이집, 마음 놓고 숨 쉬어도 되나요?

뽀얗던 아이의 살갗에 붉게 발진이 올라왔다. 시간이 지나면 괜찮아지겠지 하고 생각했지만, 이내 발진은 온몸으로 퍼졌다. 아이는 가려워 잠을 깊게 자지 못하고 하루에도 수차례 자다 깼다. 엄마도 같이 잠을 이루지 못했다. 몸이 좋지 않아 짜증이 늘어난 아이를 돌보다 엄마까지 병원 신세를 졌다.

"참 지치고 힘들었다."

자녀가 아토피 피부염에 걸려 고생했던 한 엄마의 경험담이다. 이 글이 게시된 온라인 육아커뮤니티에는 아이의 사진을 올리며 아토피가 맞는지 확인을 요청하는 글이 하루에도 여럿 올라왔다. 실제로 2010년 초등학교 1학년 중 아토피 피부염을 앓고 있는 학생은 20.6%

를 기록했다. 10년 전보다 7.2% 늘어난 수치다.

아토피와 천식같이 주변 환경의 영향을 크게 받는 이른바 '환경성 질환' 의 발병률은 꾸준히 상승하고 있다. 2008년 국민건강보험공단이 조사한 결과를 보면 환경성 질환자는 2002년 545만 명, 2003년 570만 명, 2004년 614만 명, 2005년 656만 명으로 4년 사이 20.9% 증가했다.

전문가들은 환경성 질환의 주요 발병 원인으로 '실내공기 오염' 을 꼽는다. 〈깨끗한 공기의 불편한 진실〉의 저자이자, 실내공기를 40

년간 연구해 온 미국의 미생물학자 마크 R. 스넬러는 지난 10년간 천식 환자가 58% 증가하고 암 발생률도 많이 증가한 이유를 실내공기 오염에서 찾는다.

2014년에 열린 실내 미세먼지 관련 토론회에서 인하대학교 의과대학 의과학연구소 우이지영 연구원은 "실내오염 때문에 어린이의 급성 호흡기 감염이 늘었고, 심장질환, 뇌졸중 등도 증가했다."며 "어린이가 해로운 환경에 노출되는 경우 향후 알츠하이머가 발병할 확률이 높아진다는 보고가 있다."고 경고했다.

문제는 영유아다. 영유아는 체중당 호흡량이 성인의 3~5배가량 많다. 같은 공간에서 같은 시간 숨을 쉬어도 성인보다 더 많은 오염물질에 노출되는 셈이다.

게다가 영유아는 면역력이 성인보다 약하다. 독성물질을 연구해 〈우리는 매일 독을 마시고 있다〉는 책을 펴낸 허현회 씨는 저서에서 "면역체계가 완성되지 않은 아이들은 성인보다 합성 화학물질에 취약해서 오염된 실내공기에 노출됐을 때 아토피나 알레르기 증상이 자주 나타난다."고 주장했다.

어린이집의 실내공기 질이 중요한 이유가 여기에 있다. 육아정책연구소가 작년에 발표한 통계에 따르면 아이들은 하루 5~7시간을 보육시설에서 지낸다. 집을 제외하고 아이들이 가장 많은 시간을 어린이집에서 보내는 것이다. 최근에는 맞벌이 가정이 늘면서 아이들이 어린이집에 있는 시간이 더 길어지는 추세다.

암까지 일으키는 유해 물질들

그렇다면 우리 아이를 위협하는 대기오염 물질에는 무엇이 있을까? 여러 오염물질 중 최근 가장 문제가 되는 것이 미세먼지와 폼알데하이드, 휘발성 유기화합물이다.

미세먼지는 입자의 크기에 따라 미세먼지와 초미세먼지로 나뉜다. 미세먼지는 지름이 10㎛(마이크로미터, 1㎛는 1,000분의 1㎜)보다 작은 먼지이고, 초미세먼지는 지름이 2.5㎛보다 작은 먼지다. 머리카락 지름(약 60㎛)의 1/20~1/30보다 작은 것이다.

미세먼지는 탄소화합물이나 중금속 등이 포함돼 있어 인체에 해를 끼친다. 디젤에서 배출되는 미세먼지는 세계보건기구(WHO)에서 발암물질로 규정했다. 환경부는 20년 전부터 미세먼지를 대기오염 물질로 규정했다.

초미세먼지는 인체 깊숙이 침투해 더 위험하다. 코나 기관지에서 걸러지지 않고 폐까지 도달해 폐 기능을 약하게 하거나 심장과 혈관

에 질병을 일으키는 것으로 알려졌다. 세계보건기구의 발표에 따르면 초미세먼지가 m³(세제곱미터)당 10㎍(마이크로그램) 증가할 때마다 전체 사망률이 7%, 심혈관·호흡기 질환으로 인한 사망률이 12% 높아졌다.

국회 환경노동위원회 장하나 의원(새정치민주연합)이 2015년 4월 공개한 한국환경정책평가연구원의 보고서에는 초미세먼지가 아이들에게 얼마나 위험한지가 잘 드러난다.

"초미세먼지의 농도가 환경부가 정한 평균 기준치(50㎍/m³)보다 낮은 상태여도 m³당 초미세먼지가 10㎍씩 상승할 때마다 15세 미만 어린이의 천식 위험도는 1.05% 증가했다. 0~4세 영유아의 천식 증가율은 1.6%에 달했다. 특히 0~4세는 환경부 기준의 절반 미만인 20㎍/m³ 이하일 때도 천식으로 입원할 가능성이 커졌다."

폼알데하이드와 휘발성 유기화합물은 가구나 벽지, 건축자재 등 실내에서 사용하는 다양한 물품에 이용되는 화학물질이다. 폼알데하이드 역시 휘발성 유기화합물에 속하지만 우리나라에서는 별도로 취급한다.

폼알데하이드는 독성이 매우 강한 물질이다. 실내건축 전문가 차동원 교수는 〈건축환경 실내공기 오염〉이라는 책에서 폼알데하이드가 아토피성 피부염을 일으킬 수 있으며 심하면 호흡기 장애를 일으킬 수 있다고 기술했다.

여인형 동국대학교 화학과 교수는 한 인터넷 포털사이트에 기고한 글에서 "만성 질병이 있는 사람이나 예민한 사람들은 폼알데하이드에 노출되면 고통을 받을 수 있다. 장기간 노출되면 백혈병 혹은 폐암에 걸릴 확률도 높아진다고 알려졌다."고 밝혔다.

폼알데하이드 외에 휘발성 유기화합물에는 벤젠, 톨루엔, 자이렌 등이 포함돼 있다. 모두 기관지염이나 천식 등 호흡기 질환을 일으키는 것으로 알려졌다. 벤젠은 백혈병과 중추신경장애를 일으키는 원인으로 지목되기도 한다.

이 물질들의 특징은 끓는점이 높아 실온에서도 공기 중으로 휘발된다는 점이다. 결국 실내에 휘발성 유기화합물이 사용된 제품이 있으면 유해물질을 고스란히 흡입하게 된다.

유해물질 떠다니는 어린이집 실내공기

문제는 위에서 언급한 오염물질들이 많은 어린이집에서 기준치 이상 검출된다는 점이다. 수도권 어린이집을 대상으로 2006년·2008년·2009년에 각각 실시한 총 4가지 연구결과를 보면 미세먼지와 휘발성 유기화합물이 기준치보다 높게 나온 보육시설들이 매번 있었다.

최근에 발표된 연구결과도 비슷하다. 2년 전 서울 25개 보육시설을 조사한 결과 조사 대상의 16%에서 휘발성 유기화합물이 권고기준보다 높게 나왔고, 12%에서는 미세먼지가 권고기준보다 높게 나왔다.

환기를 많이 하지 않는 겨울철에는 실내공기의 질이 더 나빴다. 수도권 지역의 26개 보육시설을 대상으로 2012년 10~12월에 실내공기 오염도를 측정했더니, 26개 시설에서 모두 휘발성 유기화합물이 기준치보다 높게 검출됐고, 그중 40%에 달하는 어린이집은 미세먼지가 권고기준보다 높았다.

어린이집의 위치도 실내공기 질에 영향을 미쳤다. 도로변에 있는 어린이집은 실내공기가 더 좋지 않았다. 2009년 서울 29개 보육시설의 실내공기 질을 연구해 보니, 도로 주변에 있는 어린이집의 실내공기에서 휘발성 유기화합물이 주거지역에 있는 어린이집보다

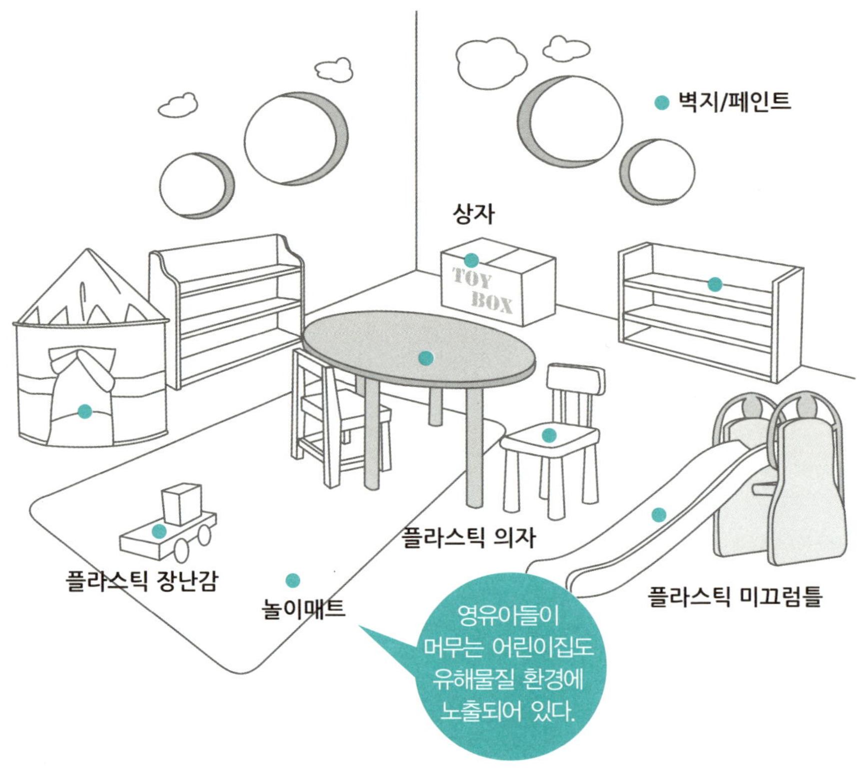

1.1~1.6배 높게 관찰됐다.

2014년 3월 〈실내환경 및 냄새 학회지〉에 실린 한 연구결과를 보면 그 이유를 알 수 있다. 2013년 서울 영등포구의 왕복 8차선 도로변에 있는 어린이집의 실내공기를 이틀 동안 조사한 결과 어린이집의 출입문과 창문이 일시적으로 개방되는 등하원 시간에 특정 오염물질이 높게 나타난 것이다.

조사결과를 발표한 연구자들은 "혼잡도로에 인접한 어린이집은 외부의 오염된 공기가 출입문이나 창문 등이 열릴 때 실내로 들어와 공기가 오염된다는 사실이 드러났다."며 "어린이집 주변에 주차장, 하역장 등 오염원이 존재하면 어떤 영향이 있는지 체계적으로 규명하고 여기에 맞는 개선 방법을 찾아야 한다."고 지적했다. 현행법에는 대기오염 수준에 따라 어린이집의 위치를 규제하는 조항이 없다.

보육기관이 실내공기의 중요성을 잘 알지 못하고, 적절하게 대응하지 않는 점도 문제다. 2012년 한국생활학회가 수도권의 73개 소규모 보육시설을 조사해 보니, 별도의 환기시설을 마련하지 않고 자연환기에만 의존하는 곳이 절반 이상을 차지했다.

또 조사 대상 보육시설에서 일하는 교사들의 74%는 실내공기에 관한 지식이 많지 않다고 답했다. 그나마 실내공기에 관한 정보를 얻는 곳도 TV나 인터넷 등이어서 전문성이나 정확성을 담보할 수 없었다.

관련법은 존재하는데, 규제 수준은 미흡

어린이집의 실내공기에 관한 법이 없는 것은 아니다. 어린이집은 '다중이용시설 등의 실내공기 질 관리법'의 적용대상으로, 지자체의 관리·감독을 받는다.

그러나 현행법은 전체 면적이 430㎡ 이상인 국공립, 법인, 직장, 민간어린이집만을 조사 대상으로 정하고 있다. 전체 어린이집의 53%가량을 차지하는 가정어린이집은 점검 대상에서 빠진다.

최근 심각성이 두드러지고 있는 초미세먼지와 휘발성 유기화합물에 대해서는 권고기준만 있다는 점도 문제다. 현재 우리나라는 ▲ 미세먼지 ▲ 이산화탄소 ▲ 폼알데하이드 ▲ 총부유세균 ▲ 일산화탄소만 유지기준을 두어 관리한다. ▲ 이산화질소 ▲ 라돈 ▲ 휘발성 유기화합물 ▲ 석면 ▲ 오존에 대해서는 강제성이 없는 권고기준만 있다.

전문가들은 어린이집의 실내공기 질을 향상시킬 수 있도록 규제기준을 강화해야 한다고 입을 모은다. 환경보건시민센터 임흥규 팀장은 법적 기준을 세울 때 건강을 최우선으로 고려해야 한다고 말한다. 공기 중에 있는 유해물질이 아주 미세하다고 해도 몸에는 해로울 수 있기 때문이다.

그는 "오염 수준이 법정 기준치 미만이라고 해도 노출되는 양에 따라 건강에 문제가 생길 수 있다. 인체에 어떤 문제가 생길 수 있는지를 법적 기준으로 삼아야 한다."고 지적했다.

법으로 규제하는 유해물질을 늘리자는 주장도 있다. 2015년 6월 열린 실내공기 질 관련 심포지엄에서 손종렬 한국실내환경학회장은 초미세먼지를 따로 관리해야 한다고 주장했다. 그는 "실내에서 초미세먼지가 건강에 미치는 영향이 크다면 그것을 어떻게 관리를 할 것인가, 어떤 방법으로 측정하고 기준설정은 어떻게 해야 하는가는 매우 중요한 문제"라고 지적하며 대비책을 주문했다.

휘발성 유기화합물은 실내공기뿐 아니라 생활용품, 건축자재 등 다양한 분야에서 법정 기준을 새로 마련해 규제해야 한다는 요구가 제기되고 있다.

서울연구원 안전환경연구실의 최유진 연구위원은 바로 현장에 적용할 수 있는 현실적 방안을 찾자고 말했다. 그는 "당장 점검해야 하는 보육시설을 늘리는 방식은 현재 공무원 인력으로 감당하기가 어려워 바람직하지 않다."며 "열악한 시설은 지원하되 먼저 원장과 교사가 문제점을 알고 직접 관리할 수 있도록 교육하는 방안이 효과적"이라고 전했다.

제3장

누가 우리 아이에게 독을 먹이나

"엄마가 지켜주지 못해 미안해."

가습기 살균제 피해자 신지숙 씨. 그녀는 숨을 쉬기 위해서 산소 공급기와 이산화탄소 배출기를 동시에 사용하고 있다.

장을 보고 집으로 가는 길, 숨이 턱 막혔다. 감기로 한 달을 고생하던 차였다. 휴대폰 벨이 울렸지만 숨이 차서 전화를 받을 수 없었다. 장바구니를 내려놓고 동생 전화를 받았다. "숨이 차서 두 가지 일을 동시에 못 하겠어."

2011년 5월, 임신 8개월에 접어든 신지숙(36세) 씨는 으레 배가 많이 부르면 숨이 차오른다고 생각했다. 임신 중에는 조금만 움직여도 피곤하니까⋯. "아기 낳으면 괜찮아지니까 걱정 마." 주변 사람들의 이야기에 뱃속의 딸을 만날 날만 손꼽아 기다렸다.

숨이 막히는 고통은 계속됐다. 한번 걸린 감기는 나을 기미를 보

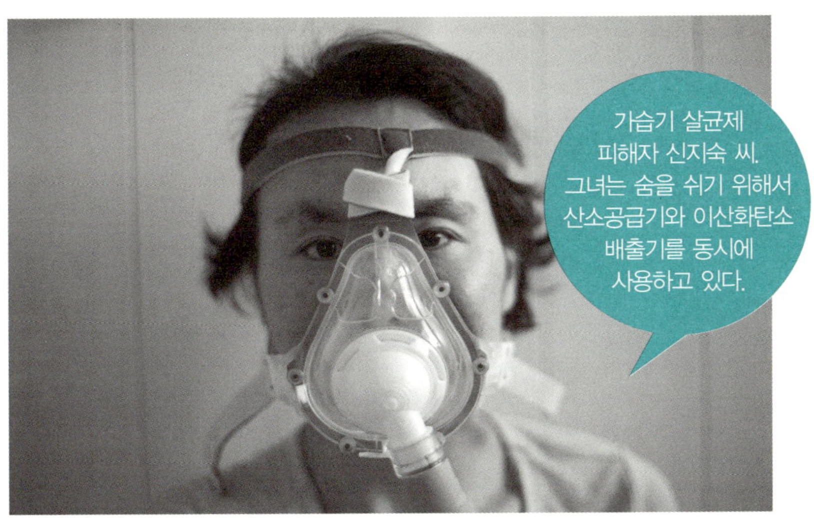

이지 않았다. 기침을 시작하면 멈출 수 없었다. 얼마나 아픈지 자신도 모르게 머리를 벽에 박았다.

"원인을 알 수 없네요. 혹시 무슨 일이 생기면 아기를 바로 꺼내겠습니다."

안 되겠다 싶어 찾아간 병원 의사선생님의 말이다. 그날 밤 제왕절개로 예정일보다 빨리 딸을 출산했다. '우리 딸도 만나고 치료도 잘할 수 있겠지.' 수술을 마치고 겨우 눈을 뜨자, 신씨의 예상은 빗나갔다. 어두운 방에서 친정엄마와 동생이 자신을 보며 눈물을 흘리고 있었다.

"현재 원인 미상의 폐렴으로 산모들이 죽어가고 있습니다."

뉴스에서는 신씨와 같은 증상을 보인 산모들의 사망 소식이 전해지고 있었다. 모두 감기 증세를 보이다 호흡곤란을 겪고 폐가 급격하게 굳는 폐섬유화 증상을 겪고 있다고 했다. 신씨의 발병 상황과 정말 똑같았다.

신씨는 언제 잘못될지 모른다는 생각에 혼자 남아 있는 중환자실에서 너무나 무서웠다. 갓 낳은 딸의 얼굴 한번 보지 못하고 죽을 수는 없었다. 하루에 30분 두 번, 가족과 면회했다. 아내를 보기 위해 하루를 견뎠을 남편에 대한 미안함도 컸다. '정신줄을 놓으면 정말 끝이야. 정신 똑바로 차려야 해.' 잠드는 순간마저 두려운 시간이었다.

늘 장군감이라는 말을 빠지지 않고 듣던 아이가 왜 이리도 아픈 것인지…. 2008년 5월, 최지연(36세) 씨는 첫딸이 하늘나라로 간 이유를 알지 못했다. '서인이는 왜 그렇게 아팠던 것일까?'

처음 아이가 미열이 났을 땐 대수롭지 않게 생각했다. 감기 증상으로 동네병원을 방문하니 습도 조절을 잘하라는 형식적인 처방뿐이었으니까. 큰 병원에 갔을 땐 이미 폐가 다 망가진 뒤였다. 의사는 '간질성 폐렴'이 의심된다고 했다. 중환자실에 입원한 지 두 달, 아이를 품에 안고 집에 돌아갈 날만 꼽았다. 하지만 결국 아이는 엄마품을 떠났다.

아이 낳은 달에 유독 엄마 몸이 아프다는 이야기처럼 5월, 철쭉이 만개할 때면 최씨는 몸도 마음도 너무나 아프다. 운명의 장난이랄까. 서인이가 떠난 날은 서인이의 첫 생일이었다. 매년 최씨 부부는 케이크를 들고 딸이 쉬고 있는 곳을 찾는다.

"아가야, 엄마 왔어. 엄마가 지켜주지 못해 미안해. 사랑한다, 아가야."

'이대로 죽는 건 아닐까?' 김성태(42세) 씨는 매일 두려움에 떨고

있다. 김씨는 IT 관련 회사에 다니던 평범한 가장이었다. 하지만 이제는 일도 그만두고 일 년에 몇 번씩 병원 신세를 지고 있다. 양쪽 폐를 이식하면 좋아질 줄 알았는데, 폐 기능이 계속 떨어져 일반인의 26% 수준밖에는 안 된다. 2011년 여름, 호흡 곤란으로 쓰러졌고 단 몇 시간 만에 폐가 하얗게 굳어갔다. 폐 이식은 그가 살 수 있는 유일한 방법이었다.

폐 이식 후 3년이 된 지금도 김씨는 고통 속에 살고 있다. 조금만 걸어도 숨이 차서 일상생활이 불가능하다. 신장까지 문제가 생겼다. 만성신부전증 3기 진단을 받았다. 폐 이식 후 면역억제제를 많이 사용해서란다. 최근에 천주교 세례를 받았다. 몸이 아프니 더욱 종교에 의지하게 됐다. 세례명은 '콘스탄티노'. 황제의 기운을 받으라는 뜻이다. 김씨는 아내와 하나뿐인 딸과 함께 살 수 있다면 다른 건 바라지 않는다고 말한다.

99.9% 항균 안심? 절대 안 믿어요

2011년 8월 31일이 돼서야 많은 사람들이 원인도 모를 폐질환에 걸린 원인과 서인이를 죽인 범인의 윤곽이 드러났다. 범인은 집안에 있었다. '살균 99.9%! 안심하고 쓰세요'라는 문구로 많은 사람들을 속인 가습기 살균제였다. 가습기 살균제 제품 겉면에는 '인체에 안전한 성분을 사용해 안심하고 사용할 수 있습니다'라는 문구가 선명히 적혀 있다. 하지만 정부 조사 결과, 가습기 살균제를 사용한 사람은 그렇지 않은 사람보다 폐질환에 걸릴 확률이 47.3배나 높음이 증명됐다.

믿기 힘들었지만 사실이었다. 정부는 2012년 2월 동물독성흡입 실험결과에 따라 원인 미상 폐질환의 원인으로 가습기 살균제를 최종 확정지었다. 가습기는 겨울철 건조한 집의 습기 조절을 위한 필수품이다. 소비자들은 가습기 분무액의 세균을 없애주는 가습기 살균제를 사용해 왔다. 이런 생활용품이 어떻게 541명의 피해자를 만들고, 그중 144명(2013년 11월 1일 기준)의 고귀한 생명을 앗아갈 수 있을까.

"내 손으로 넣은 게… 우리 아이를 죽였어요!"

가습기 살균제 때문에 아이를 잃은 한 엄마가 눈물을 흘리며 한 말이다. 가습기 살균제는 1994년 처음 개발·판매되기 시작했다. 사용자만 800만 명이 넘었다. 세계 최초로 우리 기업들이 만든 제품이었다. 가습기 살균제의 주요 성분은 폴리헥사메틸렌 구아니딘 (PHMG)와 에톡시에틸 구아니딘(PGH). 간단히 말하자면 우리에게 해로운 세균(박테리아)을 죽이는 화학물질이다.

이 화학물질들은 원래 카펫을 세척하는 약제였다. 이것을 가습기에 넣었고 화학물질은 물 분자와 함께 기도를 지나 폐로 들어갔다. 클로로메틸이소티아졸린온(CMIT), 메틸이소티아졸린온(MIT) 성분이 들어간 가습기 살균제도 피해자를 낸 건 마찬가지였다. 해로운 세균을 죽이는 목적으로 쓰이는 독한 물질이 폐에 직접적으로 들어갔다니, 생각만 해도 오싹한 일이다.

하지만 정부는 가습기 살균제 판매를 허가해 주었고, KC마크(국가통합인증)까지 주었다. 나중에 수많은 사람들이 죽고 난 뒤에, 정부는 "과학기술 수준으로는 가습기 살균제의 결함을 알 수 없었다."고 변명했다.

가습기 살균제 사태 피해자 신지숙 씨는 4년째 산소호흡기를 꼽은 채 가쁜 숨을 쉬고 있다. 가습기 살균제로 인한 폐질환 발병 당시 낳았던 아기는 어느새 4살이 됐다. 다행히 건강하고 예쁘게 자랐다. 반면 신씨의 건강은 더 악화됐다. 현재 폐 기능은 일반인의 20% 수준. 폐의 80%는 굳어서 죽었다고 보면 된다.

호흡이 어려우니 이산화탄소가 몸에 쌓여 몇 번이나 입원했는지 모른다. 일반 사람들은 호흡을 통해 산소를 마시고 이산화탄소를 내보낸다. 하지만 자가 호흡이 어려운 신씨에게는 산소호흡기와 이산화탄소 배출기가 없으면 숨을 쉴 수가 없다.

대부분의 시간을 집에서 보내는 신씨. 건강을 빨리 되찾아서 폐 이식을 하고 말 것이라고, 그래서 딸 정아의 초등학교 입학식에는 꼭 손 붙잡고 가겠노라고 마음을 다잡는다. 딸이 다니는 어린이집 한 번 제대로 가지 못해 늘 미안하기 때문이다.

“99.9% 항균 안심? 절대 안 믿어요.”

“사치품, 밀수품을 사서 쓴 것도 아니고 누구나 어디에서나 다 살수 있는 마트에 가서, 생필품 코너에서 구입한 생활용품이에요. 가족들의 안전을 생각하면서 ‘99.9% 살균, 아이에게도 안심하세요’라고 쓰여 있어서 사용했단 말입니다.

중소기업보다는 대기업에서 책임감 있게 상품을 만들 거라고 믿었어요. 그 생활용품이 폐의 80%를 딱딱하게 만들고 어린 아이들을 죽이는 이런 일이 있을 거라고는 아무도 생각 못 했을 거예요. 그래서 지금도 ‘99% 안심’이라고 적힌 제품은 싫어요.

코로 입으로 들어가는 모기향, 스프레이 제품도 안 써요. 기업들은 안전하다고 하지만 나중에 무슨 일 터지면 ‘독성 있는지 몰랐다’고 할 거잖아요. 살충제로 무언가를 죽이면 사람의 몸에는 어떨지 한번 생각해 보면 좋을 것 같아요. 우리 아이들이 안전하게 쓸 수 있는 제품이 뭔지 말이에요.”

아직은 끝낼 수 없는 이야기
신지숙 씨 인터뷰 영상

가습기 살균제의 고통은
아직 끝나지 않았다

지난 2011년 4월 산부인과 내 산모들 사이에서 괴담이 퍼졌다. 아무 이유 없이 산모들이 폐가 굳어 결국 사망에 이른다는 다소 낯설고 충격적인 이야기였다. 일명 '산부인과 괴담'으로 떠돌 정도로 산모들의 입에 오르내리더니, 임산부에 그치지 않고 결국 영유아에게까지 퍼지고 말았다. 이유 없이 폐를 점점 굳게 만들고 죽음에까지 이르게 하는 이상한 병에 걸려 수많은 사람들이 가족의 곁을 떠났다. 도대체 무엇이 그들을 비극의 주인공으로 만들게 했을까?

"내 손으로 사다 넣은 것이…"

피해자와 피해자 가족들은 자신의 손으로 사다 넣었던 가습기 살균제가 가족들을 죽게 만들었다는 죄책감에 울부짖었다. 그들이 잘못해 벌어진 일이 아닌데도 말이다.

사태가 커지자, 정부는 지난 2011년 역학조사를 실시했다. 국가가 나설 정도로 피해자들의 상태는 심각했고 많은 피해자가 나타났다. 폐 손상의 위험요인으로 가습기 살균제가 추정된다는 결과가 도출되기에 이르렀다. 2011년 8월 정부의 공식결과가 발표됐고, 6개의 가습기 살균제에 대한 리콜 명령이 내려졌다. 리콜이 바로 이뤄진 것은 아니었다. 이전까지 정부는 가습기 살균제 사용 자제만을 요청할 뿐이었다. 국민들의 빗발치는 리콜 요구에 대해 "강제 리콜은 어렵다"는 입장으로 2개월가량 끌어오다 결국엔 강제 수거 조치를 내렸다. 그러고 난 후 정부는 피해자들에 대한 사과와 대화 요구는 외면해 버렸다.

폐가 굳는 폐섬유화 현상 등 폐손상의 위험요인으로 지적된 가습기 살균제가 원인이라는 최종 결론은 이듬해인 2012년 2월 발표되며 확실해졌다. 질병관리본부는 기자회견을 통해 '원인 미상 폐질환'의 명칭을 '가습기 살균제 관련 폐손상'으로 변경하고 PHMG, PGH가 주성분인 총 6개 제품은 폐 손상과의 인과관계가 최종 확인됐다고 밝혔다.

실제 13주 동안 가습기로 분무된 가습기 살균제에 쥐를 노출시켰을 때 불규칙한 호흡, 호흡횟수의 증가, 체중감소 등으로 호흡기계 이상소견이 관찰됐다는 결과는 2011년 11월 열린 가습기 살균제 실태조사를 위한 국회토론회에서도 나온 사실이었다.

2014년에 발표된 보건복지부의 1차 조사, 2015년에 발표된 환경부의 2차 조사 결과를 합하면 가습기 살균제 피해자는 모두 530명이다. 이중 사망자는 26.4%인 140명이다. 조사결과 발표 때 사망한 피해자가 있는 것으로 알려져 사망자는 모두 142명 정도로 추정하고 있다. 사망자의 상당수는 3세 전후의 영유아와 30대 임산부로 나타나 안타까움을 더한 결과였다.

정부는 신고된 530건의 피해사례를 5단계로 나눠 판단했다. 1단계 '거의 확실', 2단계 '가능성 높음', 3단계 '가능성 낮음', 4단계 '가능성 거의 없음', 5단계

'판단불가'의 구분이다.

하지만 이런 구분은 피해자들을 더욱 병들게 했다. 사건 초기부터 가습기 살균제 피해자들의 상태를 파악해 오고 있는 임흥규 환경보건시민센터 팀장은 "정부의 지원대상인 1~2단계 판정을 받은 환자들은 물론이고 '가능성 낮음'의 3단계나 '가능성 거의 없음'의 4단계 판정을 받은 경우 조사 중에 상태가 나빠져 산소호흡기를 착용해야 하거나 반복적으로 병원에 실려 가는 경우가 적지 않다."며 "3~4단계로 판정받은 피해자들은 정부의 지원범위 밖에 있어 사망자가 나와도 파악조차 안 되는 상황"이라고 말했다.

정부의 피해자 내용이 아닌 동물 대상 실험 등으로 진행한 역학조사, 5단계로 나눈 정부의 지원 단계는 피해자가족들의 울분을 터뜨렸다. 하지만 그들을 더 참을 수 없게 만든 건 가습기 살균제를 제조·판매했던 기업들의 일관적인 반성 없는 모습이었다.

2013년 11월 국회 환경노동위원회가 진행한 환경부 국정감사에는 가습기 살균제 피해의 가해 기업인 옥시 레킷벤키저 샤시 쉐커라파카 대표와 홈플러스 도성환 대표이사가 증인으로 참석해 사과의 뜻을 전했다. 하지만 거짓된 '사과'로 또 한 번 피해자 가족들을 울렸다.

"남편은 기업을 믿고 몸에 좋다고 생각해 계속 썼는데…"

남편을 잃은 피해가족이 옥시 측과의 첫 대면에서 내뱉은 말이다. 그만큼 피해자들은 기업을 믿고 가습기 살균제를 사용해 왔다. 옥시 레킷벤키저는 한국 점유율 1위 종합생활용품 업체로 '건강', '위생', '가정'이라는 3대 가치를 내세우고 있는 세계적인 기업이다. 그런데 이면에서는 소비자의 건강을 파괴하고 가정과 가족을 파괴한 장본인이다.

환경부가 국회에 제출한 자료에 따르면 정부조사에 신고돼 확인된 가습기 살균제 피해자 530명 중, 76%인 403명이 옥시싹싹 가습기당번 제품을 사용했다. 또

한 사망자 142명 중에서는 70%인 100명이 옥시싹싹 제품을 사용한 것으로 나타났다. 피해자 중 20명이 사용한 제품은 정확히 밝혀진 바 없지만, 옥시싹싹 제품의 시장점유율로 봤을 때 이들 중 상당수는 옥시 제품을 사용했을 가능성이 적지 않다는 게 환경단체들의 분석이다.

옥시는 국민들에게 어떤 사과를 건넸을까?

옥시는 2013년 국정감사에 참석해 "자신들이 만들어 판매한 가습기 살균제가 폐 손상을 유발한 게 사실인지는 모르겠지만 인도적 차원에서 피해자들에게 50억 원을 지원하겠다."는 입장을 밝혔다. 하지만 옥시의 국내 한 해 매출이 51억 원인 것을 감안할 때 그대로 돌려주는 것밖에 지나지 않는다는 시민단체의 지적이 뒤따랐다.

지난 2011년부터 시작된 가습기 살균제 사태는 이슈화만 됐을 뿐 피해자 유족들은 보상은 물론 사과조차 받지 못했다. 그래서 피해자들이 마지막 호소처로 삼은 곳은 영국 런던이었다. 가장 많은 피해자를 발생시킨 옥시 제품을 만든 레킷벤키저 본사를 직접 나서기로 한 것이다. 레킷벤키저가 만든 가습기 살균제 제품으로 인해 목숨을 잃은 희생자들, 그리고 아직도 고통받고 있는 이들에게 사과하라는 메시지를 전달하기 위해서였다.

'가습기 살균제 피해자와 가족모임'과 '환경보건시민센터', '아시아 산재 및 환경피해자 네트워크' 소속 회원으로 구성된 5명은 '가습기 살균제 살인기업 레킷벤키저 런던본사 항의 방문단'이라는 이름 아래 2015년 5월 영국으로 출국했다. 항의 방문단의 일원인 '가습기 살균제 피해자와 가족모임' 강찬호 대표는 피해자인 9살 나래 양을 직접 영국에 데려갔다.

"국내에서 아무리 항의해 봤자 옥시 한국법인은 영국 본사 움직임에 따라 움직인다고 판단했다. 때문에 직접 피해자 대책요구와 사과를 받으러 떠난다. 나흘간의 조금 벅찬 일정이지만 옥시 본사를 찾아 나래를 위해서라도 직접 사과를 받

고 대책을 요구하겠다. 영국을 떠나 국제사회에 알리고 사과와 대책을 요구할 것이다."

그렇게 다짐하고 자비까지 들여 방문한 영국 항의 방문이었지만 별다른 성과를 내지 못하고 돌아올 수밖에 없었다. 영국 및 국제사회를 놀라게 하기엔 충분했지만 옥시 본사의 태도를 바꾸기엔 역부족이었다.

항의 방문단에 따르면 영국 옥시 레킷벤키저 본사는 첫 번째 방문 때는 책임도 있고 합의를 해줄 수 있다라는 태도였지만, 2~3번째 방문부터는 책임을 모두 RB코리아로 돌려버렸다. '사회적 책임은 지지 않겠다'는 태도일까?

영국 레킷벤키저 본사 측은 세 번의 만남을 가지면서도 영국항의방문단에게 사과나 책임표명을 전한 바 없다. 레킷벤키저 측을 대표해 나온 임원들은 개인적으로는 안타까운 일이지만 소송 진행 중으로 책임표명은 어렵다는 말을 반복할 뿐이었다.

'가습기 살균제 피해자와 가족모임'과 '환경보건시민센터'는 지난 2011년부터 가습기 살균제로 인한 피해를 알리고 기업의 진심 어린 사과와 보상을 위해 작은 불매운동부터 시작해 서명운동, 사망자 추모 및 기업책임을 촉구하는 1인 시위 등의 국내 캠페인과 정부와 기업을 상대로 소송까지 불사해 왔다. 하지만 여전히 옥시 레킷벤키저(현재 RB코리아) 본사의 반응은 한결같이 냉담하기만 하다.

옥시는 여전히 피해자들과 시민단체의 1인 시위, 접견 신청, 사과 요구 등에 묵묵부답으로 일관하고 있다. 피해자들이 모여 여의도에 있는 국내 옥시 본사를 방문할 때마다 보안요원에게 전해 듣는 말은 '절대 만나지 않겠다'는 말뿐이다. 지난 2011년부터 현재 2015년까지, 4년째다.

하나둘씩, 세상과 이별하는 가습기 살균제 피해자들

가습기 살균제의 최근 피해자는 2001년 둘째 아이 출산 전후부터 옥시 레킷벤키저의 옥시싹싹 가습기당번 제품을 사용하기 시작해 2011년 정부의 역학조사가 발표될 때까지 겨울철마다 매달 3~4개씩을 사용해 왔던 이시연(45세) 씨다. 옥시싹싹 가습기당번 제품을 사용하면서 애경 가습기메이트 제품도 한두 번 사용했던 평범한 주부였다.

 이씨는 2015년 4월 환경부의 2차 조사에 등록, 조사결과에 따라 가습기 살균제 피해가 '거의 확실'한 1단계 판정을 받고 지난 5월 4일 심장과 신장 기능이 떨어져 충남대병원에 입원했지만 퇴원 예정일을 하루 앞둔 5월 9일 심장마비로 사망했다.

이씨는 최근 피해자일 뿐, 마지막 피해자가 아니다. 아직 300여 명의 피해자들이 고통받고 있고 언제 가족의 곁을 떠날지 모른다.

이렇게 피해자들의 고통이 계속되고 있는 한 정부 역시도 가습기 살균제 피해자 지원에 힘을 싣기로 했다.

피해자들에게 의료비와 장례비를 지원한 정부는 한국환경산업기술원을 통해 2014년 12월 옥시 레킷벤키저 등 13개 업체를 상대로 22억 원대의 구상금 청구소송을 낸 바 있다. 구상금 청구소송 자료에 따르면 옥시 레킷벤키저는 16억 5,900만 원으로 가장 많으며, 애경산업 4억 8,100만 원, SK케미칼 3억 7,200만 원, 홈플러스 3억 4,000만 원, 롯데쇼핑 3억 2,200만 원 등이다.

또한 정부는 2015년 말까지 가습기 살균제 피해자 신청을 받을 예정이다. 환경부는 국회 환경노동위원회와 피해자들의 요구에 따라 신청기간을 2015년 12월 31일까지 연장했다.

가습기 살균제로 인해 폐질환이 의심되는 사람이나 그 유족은 2015년 말까지 한국환경산업기술원 누리집(www.keiti.re.kr)에서 신청서를 내려받아 작성한 후 관련 서류와 함께 우편(122-706, 서울시 은평구 진흥로 215 한국환경산업기술원)으로 제출하면 된다. 인정여부는 피해 인과관계 조사와 환경보건위원회 심의를 거쳐 최종 결정되며, 피해자로 인정될 경우 정부로부터 의료비와 장례비(사망자)를 받을 수 있다.

'가습기 살균제 피해자와 가족모임'과 '환경보건시민센터'는 향후 국내에서의 추가소송을 조직하고 옥시 레킷벤키저 본사를 상대로 한 영국법원 제소를 준비하는 것과 동시에 영국과 유럽 등 국제시민사회에서 살인기업을 규탄하는 활동을 전개할 예정이다.

옥시 레킷벤키저뿐만 아니라 덴마크에서 원료를 수입해 사망자 14명, 생존환자 27명 등 41명의 피해자를 발생시킨 세퓨 제품에 대한 정확한 조사도 함께 진행된다. 사회적 합의기구 구성을 추진해 가습기 살균제 피해 문제해결이 더이상 지연되지 않도록 하는 방안도 검토 중인 것으로 알려졌다.

화학물질 4만 종 유통, 안전불감 대한민국

우리나라에 유통되는 화학물질은 4만 종 이상이다. 화학물질은 우리가 사용하는 생활용품 대부분에 들어 있다고 해도 과언이 아니다. 이 화학물질들이 소중한 아이와 가족에게 어떤 위협을 줄지 염려하는 것은 결코 지나친 일이 아니다. 유해 화학물질 성분이 들어 있던 가습기 살균제도 처음에는 마트에서 판매된 단순 생활용품이었다.

유해 화학물질 논란은 끊이지 않고 계속되고 있다. 산업통상자원부로부터 제출받은 '어린이용품 안전성 조사 결과' 자료를 분석한 결과, 2011년부터 2014년 6월까지 시중에 유통된 어린이 관련 제품 6,480개 중 유해물질이 검출된 부적합 제품 수는 모두 515개(7.9%)로 나타났다. 유해물질이 검출된 제품들로는 유아용 의류를 비롯해 보행기, 유모차, 어린이용 장신구, 유아 보호용품 등 다양했다.

식약처로부터 받은 국정감사 자료에 따르면 의약외품으로 허가 받은 2,050개의 치약 가운데 파라벤(치약에 사용되는 파라벤)[EWG 2~7등급]이 함유된 치약은 1,302개(63.5%), 트리클로산[EWG 7등급]이 함유된 치약은 63개(3.1%)인 것으로 드러났다. 특히 파라벤이 함유된 치약 중에는 어린이 전용 치약도 포함돼 있었다.

한편 대형 할인마트의 PB상품에 대한 안전성 논란이 제기되고 있다. 김영주 새정치민주연합 의원과 환경정의, 여성환경연대 등의 환경단체들과 시민단체들이 뭉친 '발암물질 없는 사회 만들기 국민행동'(http://nocancer.kr)은 대형 할인마트의 PB상품인 세제, 욕실화 등 47개 제품에 대한 화학물질 안전성 조사를 직접 실시한 결과, 납, 카드뮴, 프탈레이트(환경호르몬), 1,4-다이옥신 등이 검출됐다고 발표했다.

유아용품에서 유해 화학물질이 검출됐다는 뉴스는 하루가 멀다 하고 터져나온다. 특히 영유아용 물티슈의 안전성 논란은 몇 년 동안 끊이지 않고 있다. 일부 물티슈에서 영유아에게 치명적인 화학물질 세트리모늄브로마이드[EWG 3등급]가 함유됐다. 언론 보도가 나오면서 엄마들의 불안감은 더 커졌다. 물티슈는 기저귀를 갈 때 뒤처리를 하거나 아이의 손과 입을 닦는 등 주로 아이의 몸에 직접 닿기 때문에 굉장히 민감할 수밖에 없다. 식약처와 한국 기술표준원이 나서서 "세트리모늄브로마이드는 0.1% 이하로 화장품에 보존제로 사용

가능한 안전한 물질"이라며 논란을 종결시키려 했지만, 여전히 물티슈에 대한 안전성 논란은 계속되고 있다.

PVC 플라스틱으로 만들어진 아이들의 학용품이나 장난감에는 가소제인 프탈레이트가 사용되는데, 이에 대한 위험성도 계속 지적되고 있다. PVC는 다른 플라스틱에 비해 가격이 싸고 제조가 쉬워 생활 곳곳에서 사용된다. 딱딱한 PVC를 부드럽게 만들기 위해 가소제인 프탈레이트를 사용하는데, 이것은 가장 대표적인 환경호르몬으로 생식 독성뿐 아니라 아토피, 학습 및 행동장애를 유발한다고 보고되고 있다. '발암물질 없는 사회 만들기 국민행동' 등 환경단체들은 PVC 없는 어린이 안전 환경 만들기인 'PVC FREE 캠페인'을 지속적으로 전개하고 있다.

사실 유해 화학물질로부터 소비자를, 국민을 지켜내는 일은 제품을 만드는 기업, 그리고 제품을 판매하도록 허가해 주는 정부가 해야 한다. 하지만 가습기 살균제 대참사에서 보듯이 가해 기업들은 '유해한지 몰랐다'는 이유로 자신들의 책임을 회피하려 하고 있다. 가해 기업들은 여전히 가습기 살균제 피해에 대한 공식적인 책임 인정과 사과를 하지 않고 있다. 이들은 피해를 보상하라는 피해자들과 언제 끝날지 모르는 소송을 진행하고 있을 뿐이다.

3년간 피해자 목소리를 외면해 오던 정부는 2014년 의료비 지원

여성환경연대 회원들이 기업의 책임 있는 자세를 요구하며 퍼포먼스를 하고 있다. 대형 할인마트에서 제조·판매하는 주방세재에서 발암물질 1, 4-다이옥신이 검출됐기 때문이다.

등의 예산을 편성해 2015년부터 지원하고 있다. 이마저도 가해 기업에 대한 구상권 청구를 전제로 한 긴급지원에 그쳤을 뿐 모든 피해자들을 포용하지 못한 반쪽짜리 지원이라는 지적을 받고 있다. 공식적으로 피해자 신청을 한 361명 중 168명만이 의료비 등 지원 대상에 포함됐기 때문이다. 피해자들의 염원을 담은 가습기 살균제 특별법안들은 국회에서 표류한 지 오래다.

"내 아이, 스스로 지켜야 한다!"

안전하다는 문구로, 좋은 향기로, 알록달록한 색깔로 뒤덮인 화학물질이 넘쳐난다. 환경단체들은 우리가 사용하는 생활용품들이 우리 아이들의 몸을 병들게 할 수도 있다고 경고한다. 편리함을 추구하는 현대인의 욕망이 생활 속 곳곳에 퍼트린 화학물질. 화학물질의 위험은 세대를 넘어 먼 미래까지 이어질 수 있다는 점에서 더욱더 위협적이다. 하지만 현재 화학물질의 위험으로부터 아이와 가족을 지키는 일은 일반 국민들에게 떠넘겨져 있다.

2011년 여름에야 정부는 수많은 사람들을 죽인 원인 모를 폐질환의 원인이 가습기 살균제였다는 사실을 발표했다. 그때부터 현재까지 환경보건시민센터는 피해자들과 함께 정부와 가해 기업을 상대로 피해자 지원 대책과 재발방지 대책 등을 요구하는 활동을 벌여오고 있다. 이 센터의 최예용 소장은 다음과 같이 말했다.

"뻔히 용도가 다른 제품을 만들면서도 그에 맞는 안전검사를 하지 않고 사고 이후에도 발뺌하는 기업을 상대로 정부가 만든 제도는 국민들을 지켜주지 못했다. 가습기 살균제 사건과 같은 사고가 또 발생하지 말라는 법은 없다. 광고를 믿고 사용하는 생활용품 속 화학물질이 사람을 다치게 하고 죽일 수 있다는 경고를 바탕으로 우리 주변에 널려 있는 생활용품의 안전성을 돌아봐야 한다."

　환경운동가들과 환경단체들에 따르면 아이와 가족을 지키기 위해선 현재 사용하고 있는 생활용품에 어떤 화학물질이 들어 있는지, 그것이 왜 들어가야만 했는지를 꼼꼼하게 확인해야 한다. 꼭 사용하지 않아도 된다면 제품 사용을 피하고, 어쩔 수 없이 사용해야 한다면 아주 적게 사용하는 것이 상책이다. 지금으로선 화학물질 때문에 아이와 가족을 잃는 분통한 일을 당하지 않기 위해선 이런 궁색한 대책이 최선의 방책일 뿐이다.

　또한 최 소장은 "우리 스스로가 일정한 감시와 관심을 보이지 않으면 국가는 우릴 지켜주지 않는다는 것을 명심해야 한다."며 "생활용품의 안전성에 대해 스스로 지켜보고 시민단체들과 함께 정부와 기업의 문제점을 감시하고, 화학물질 안전관리 제도에 대해서도 관심을 가져야 한다. 그런 행동만이 생활용품 속 화학물질로부터 우리 아이와 가족을 지켜줄 것"이라고 강조했다.

성별은 남자인데, 생식기가 왜?
- 환경호르몬의 역습

8개월 된 쌍둥이 영훈이(가명)와 영진이(가명) 엄마는 자궁내막증과 불임으로 8년 동안 고생하다가 시험관 아기로 어렵게 아이들을 낳았다. 아기를 가졌을 때 누구 못지않게 조심했던 엄마였다. 그런데 아기들이 포경이 된 채 태어났다.

특히 영훈이는 요도가 정상적인 위치에 없었다. '요도하열'이었다. 소변이 나오는 구멍인 요도는 보통 음경의 끝에 달려 있는 게 정상이다. 그러나 요도하열은 음경이 시작하는 부위부터 요도구의 정상적인 위치 사이에 요도구가 생길 수 있다. 심한 경우 음낭이 둘로 갈라져 있거나 여성의 성기처럼 극도로 짧아져 있어, 염색체 검사를 하지 않고는 남녀의 성 구별이 어려운 경우도 있다.

'딸을 원해서 아이들이 아픈 건 아닌지…'
쌍둥이 엄마는 죄책감에 많이 울었다.

여기까지는 8년 전인 2006년 국내 TV 교양 프로그램에서 방송한
내용 중 일부다. 생리통의 원인과 자궁내막증을 취재하던 취재진은
비뇨기과 의사로부터 충격적인 한 남자아이의 생식기 사진을 입수
한 뒤, 생식기 이상 질환의 원인을 파고들었다. 남아들의 생식기 이
상 질환이 환경호르몬 때문이라는 게 전문가들의 분석이었다.

환경호르몬의 위험성을 지적하기 위해서 너무 비현실적인 예를
든 것이 아니냐는 반문이 뒤따를 수 있다. 하지만 최근 우리 정부의
통계자료를 보면, 생식기 이상 질환이 유의미하게 늘어나고 있다는
점을 알 수 있다. 특히 남자아이의 생식기 이상 질환 발생률은 눈에
띄게 늘었다.

국민건강보험공단의 최근 7년간 '0세 선천기형 세부상병별 진료
환자 수'를 보면 요도하열 등 생식기의 선천기형은 2005년 586명에
서 매년 꾸준히 늘어 2011년 1,395명까지 증가했다.
환경부의 또 다른 자료를 봐도 남자아이에게 발생하는 요도하열
과 잠복고환 발생률은 큰 폭으로 증가했다는 사실을 알 수 있다.

환경부의 '2013년 선천성 기형사업 성과 보고서(홍윤철, 임종한)'

에 따르면 1만 명당 요도하열 발생 비율은 1993년~1994년 0.7명에서 2009년~2010년 9.9명으로 늘었다. 거의 10배 가까이 늘어난 셈이다. 물론 진단 도구가 발전해서 진단 자체가 늘어난 이유도 있다. 그러나 전문가들은 17년이라는 짧은 기간 동안 환경오염과 화학물질에 노출된 것이 영향을 끼쳤다고 보고 있다.

같은 시기 잠복고환도 1만 명당 2.6명에서 29.1명으로 증가했다. 요도하열과 비슷한 증가율을 보이고 있는 것이다. 잠복고환은 태어나기 전 고환이 음낭으로 완전히 내려오지 못한 상태로, 불임이나 고환암의 원인이 되는 질환이다.

이처럼 남자아이들의 성기가 불완전하게 만들어지는 이유에 대해 전문가들은 하나같이 환경호르몬의 역습이라고 지적한다.

"어떤 이유로 산모에게서 아주 강한 여성호르몬에 노출되거나 남아에게서 남성호르몬 분비를 억제할 수 있는 다른 원인이 발생할 경우, 잠복고환 등의 이상이 발생할 수 있다."

임종한 인하대학교 의과대학 직업환경의학과 교수의 말이다. 임교수는 "인간의 면역체계를 무력하게 만드는 독성물질이 우리 생활환경 주변에 널려 있다."면서 "세계적으로 유례없는 가습기 살균제 참사가 재연될 수 있다는 점을 우리는 잊지 말아야 할 것"이라고 강조했다.

임 교수는 '화학물질 등록과 평가 등에 관한 법률' 및 '암예방 특별법' 자문위원, 가습기 살균제 관련 '폐 손상 조사위원회' 조사위원, 제2기 수도권 대기특별대책 '위해성 분야' 연구위원으로 활동한 환경의학 전문가다. 또한 국내에서 의료생활협동조합 운동을 개척한 장본인이기도 하다. 그는 〈아이 몸에 독이 쌓이고 있다〉, 〈생명을 살리는 밥상〉, 〈가장 인간적인 의료〉 등의 책을 써서 대중들에게 환경문제의 위험성을 알리는 활동을 해오고 있다.

임종한 교수에 따르면 남자아이들은 일정 시기가 되면 음경이 발생하고 요도관이 형성되며, 복강에 있던 음낭이 밑으로 내려와 생식기가 완성된다. 그런데 이 과정에서 다른 원인이 발생할 경우, 생식기 이상이 생길 수 있다는 것이다.

누가 우리 아이에게 독을 먹이나	검색

http://m.newsfund.media.daum.net/episode/102#

아이 몸에 독이 쌓이고 있다
임종한 교수 인터뷰 영상

내 아이에게 전달되는 화학물질의 독성

남자아이만의 문제가 아니다. 1970년대 말 이탈리아와 푸에르토리코에서는 '성 조숙증'이 집단으로 발견됐다. 1976년부터 8년간 '가슴이 지나치게 일찍 발달한' 여자아이가 482명이었다. 그중 60%는 놀랍게도 만 2세 이전에 이미 2차 성징이 나타났다.

성 조숙증 문제는 우리나라도 심각한 지경이다. 우리나라에서 성 조숙증으로 치료받은 소아·청소년은 최근 5년간 4배 이상 급증했다. 건강보험심사평가원 자료에 따르면 '성 조숙증' 진료인원은 2006년 6,438명에서 2010년 2만 8,181명으로 늘었다. 특히 여자아이가 성 조숙증 진료인원의 대부분을 차지하고 있는데, 2006년 5,822명에서 2010년 2만 6,064명으로 증가했다.

최근 40대 젊은 여성들 사이에서 유방암 환자가 늘어나고 있는 것도 환경호르몬 때문이라는 게 전문가들의 분석이다.

한국유방암학회의 '2014 유방암 백서' 보고서에 따르면 우리나라의 2011년 유방암 환자 발생 수는 1만 6,967명으로 지난 15년 전에 비해 무려 4배 증가했다. 유방암은 우리나라 여성에 발생하는 전체 암 중 갑상선암에 이어 두 번째로 흔한 암이다. 발생인구 수만 놓고 보면 유방암 발병률이 높은 미국과 유럽 지역의 3분의 1 정도이지만, 이들 국가의 유방암 발생률은 감소 추세인 반면, 한국의 유방암 발생률은 가파른 상승곡선을 보이고 있다.

특히 폐경 전 여성의 유방암 환자 비율이 몹시 낮은 서구에 비해 한국은 40대 젊은 환자의 발생률이 높고 40세 이하 환자도 약 15%를 차지하고 있다. 이는 서구에 비해 약 3배 정도 높은 수치다. 2010년 여성인구 10만 명당 발생된 여성 유방암 환자의 연령별 분포를 보면 40대가 147.9명으로 가장 높았고, 50대 144.2명, 60대 108.3명, 70대 55.8명, 30대 52.7명 순이었다.

임종한 교수는 환경호르몬이 여성호르몬인 에스트로겐 기능을 왜곡하면서 아이들의 성 발달은 물론, 여성에게도 문제를 일으킨다고 지적했다.

"일상에서 환경호르몬에 노출되는 경우가 증가하는 것 자체가 여성 유방암 발생 증가와 밀접한 관계가 있다. 환경호르몬이 구체적인 질환을 야기하고 아이들의 성적 발달을 방해하는 단계로 진입한 상태이다."

내분비계 교란물질인 환경호르몬은 실제 호르몬이 아니다. 하지만 몸속에 들어오면 여성호르몬인 양 작용한다. 여성호르몬이 아닌데도 여성호르몬인 척 흉내낸다는 말이다. 또 체내 세포와 결합해 비정상적인 생리작용을 야기해 남자아이의 성기를 여성화하고, 여자아이의 가슴 성장을 가속화한다.

임 교수는 "화학물질에 의해 몸 안의 신호체계가 혼란에 빠진 상태'를 경고했다.

"어항 속에 있는 개구리는 온도가 급격하게 변하면 인지하지만, 온도가 서서히 변하면 인지하지 못하고 결국 죽고 만다. 지금의 우리 모습이 그렇지 않나 생각된다. 일상에서 여러 형태의 화학물질에 노출돼 여러 질병의 위험성이 커지고 있다. 어린이의 경우는 여러 형태의 환경성 질환을 앓는다. 그대로 방치한다면 우리 아이들은 어항 속에 있는 개구리처럼 서서히 죽을 수 있는 상황에 놓이게 될 것이다."

아이의 인생이 걸린 문제, 과잉대응이 낫다

현대사회에서 우리 아이가 먹고 입고 숨 쉬는 데 필요한 대부분의 물질이 화학물질과 관련돼 있다고 봐도 무방하다. 문제는 이 화학물질이 사람들의 건강을 위협하고 있는 것을 알면서도 제대로 대비책을 마련하지 않고 있다는 데 있다. 그리고 화학물질의 위험에 가장 취약한 집단은 태아와 영유아, 그리고 여성들이라는 점이다.

임종한 교수는 "유해한 화학물질이 몸에 들어오면 스스로 해독하고 배설해 내야 한다. 하지만 아이들은 해독능력이 떨어지기 때문에 유해물질이 몸속에 들어와도 내보내지 못하고 그대로 갖고 있다."며 "성인에게는 안전한 양의 화학물질이라도 아이들에게 그 피해가 더욱 크다."고 경고했다.

2008년 중국에서 발생한 멜라민 분유 사건을 봐도 그렇다. 사실 멜라민은 성인에게는 독성이 크지 않은 물질이라 그다지 신경 쓰지 않던 물질이다. 하지만 멜라민을 제대로 배출하지 못하는 영유아에게는 치명적이었다. 멜라민이 다량 함유된 분유를 섭취한 영아 4명이 신장 결석으로 사망했고, 5만 3,000여 명의 소아가 병원에서 치료를 받았다.

뱃속에 있는 태아들은 엄마로부터 독성물질을 그대로 물려받고 있다. 태어날 때부터 화학물질을 몸속에 품고 나오는 셈이다.

2005년 미국 환경 연구단체(EWG)은 2004년 8~9월에 미국에서 태어난 10명의 아기들 탯줄에서 무려 287종의 산업 화학물질과 오염물질을 발견했다. 발암물질 180종, 뇌·신경계 유독물질 217종, 선천성 기형 및 발달장애 유발물질 208종이 중복되어 섞여 있었다.

(〈아이 몸에 독이 쌓이고 있다〉 중에서)

"태아와 엄마는 한몸이다. 엄마가 배고프면 태아도 허기지고 엄마가 피곤하면 태아도 지친다. 독성물질도 마찬가지다. 도시화된 현대사회의 수많은 독성물질들이 탯줄을 타고 태아에게 전해진다."

엄마의 몸이 온갖 화학물질로 오염되면 엄마는 태아의 안전을 위해 예정보다 빨리 세상 밖으로 내보낸다. 이것이 미숙아 수가 늘어나는 이유다. 1993년부터 2013년까지 지난 21년간 출생아 수는 39% 줄어든 가운데, 저체중아(2.5kg 미만)가 두 배 이상 늘어났다. 미숙아로 불리는 극소저체중아(1.5kg 미만)도 무려 5배 이상 급증했다.

임 교수는 "오염된 모체와 태아를 분리시키기 위해 자궁수축을 통해서 태아를 세상으로 밀어낸다. 결국 이른 출산이 아기를 보호하는 방법"이라며 "조산아가 늘어난다는 것은 엄마의 몸에서 염증반응이 그만큼 많이 생긴다는 것이다. 여러 가지 생활용품 속 화학물질과 오염된 식품이 여성들의 몸에도 적신호가 되지만 아이들에게 심각한 위험이 되고 있다."고 염려했다.

1961년에 설립된 세계최대의 민간자연보호단체인 세계자연보호기금(WWF)이 규정한 환경호르몬 물질은 67종에 달한다. 널리 알려진 환경호르몬 물질로는 화장품·장난감·학용품·세제 등에 사용되는 프탈레이트(플라스틱을 부드럽게 해주는 가소제)를 비롯해 석면, 다이옥신 등이 있다. 특히 음료 캔 코팅, 식품 포장재료 등에 사용되는 비스페놀A는 대표적인 환경호르몬 물질이다.

그렇다면 정부가 화학물질로부터 국민들을 지키기 위해서 어떤 대책을 마련하고 있을까?

"호르몬 교란 효과를 나타내는 화학물질에 노출되는 경우가 많아 국민들이 그 피해를 입고 있다는 사실이 여러 건강자료를 통해 확인되고 있지만, 정부는 뒷짐만 지고 있다."

환경부는 2013년 9월부터 어린이 건강에 나쁜 영향을 줄 수 있는 유해물질을 관리하기 위해 위해성 기준을 초과하는 4종(다이-n-옥틸프탈레이트, 다이이소노닐프탈레이트, 트라이뷰틸 주석, 노닐페놀)의 물질에 대해 어린이용품에 사용을 제한했을 뿐이다.

임 교수는 "경제적인 성장의 뒤안길에서 아이들의 건강 수준이 떨어지고 있다. 기업 활동을 무방비하게 허용했고 화학물질 관리를 제대로 하지 않아, 시민들이 피해를 입는 경우가 굉장히 많다."며 "우리의 경제능력이 세계 10위권인 데 비해 국민의 건강과 안전을 지키려는 정부의 화학물질 관리 수준은 중진국 이하로 매우 창피한 수준"이라고 지적했다.

2015년 1월부터 '화학물질의 등록 및 평가 등에 관한 법률(화평법)'이 시행되었다. 정부는 화평법의 시행을 계기로 화학물질 관리체계를 제대로 만들겠다고 하지만, 이 법이 화학물질로부터 우리 아이들을 지켜줄 수 있을지는 미지수이다. 정부가 등록·관리하려는 화학물질은 518종밖에 되지 않기 때문이다.

"담배만큼 독성이 강한 물질은 없다. 어느 누구도 아이에게 담배를 권하지는 않는다. 그러나 아이들의 접촉이 많은 용품에서는 담배만큼 유해한 물질이 많이 있다. 이를 부모들은 인지하지 못한 채 담배만큼, 담배보다 강한 독성물질을 아이들에게 권하는 양상이 벌어지고 있는 것이다."

임 교수는 "우리 아이의 몸에는 독이 쌓이고 있다. 이제는 우리 아이의 건강을 위해 유난을 떨어야 할 때"라고 강조했다.

화학물질 함부로 쓰는 기업 혼내줘야

위험한지 몰랐다고 변명하면 끝

"두 아이를 하늘로 보낸 죄인입니다."

국회에서 열린 '가습기 살균제 사건의 원인, 대책 그리고 교훈' 토론회에 참석한 가습기 살균제 피해 엄마는 절규했다. 그는 "가습기 살균제라는 독성물질을 아이들에게 매일 흡입하게 한 죄인"이라며 가슴을 쳤다. 아이들을 차례로 잃은 엄마의 고통을 그 누가 헤아릴 수 있을까. 뱃속의 아이에게 좋은 환경을 만들어주기 위해 마트에 진열된 제품을 샀을 뿐이다. 그러나 기업과 국가는 그를 '죄인'으로 만들어 평생 죄책감에 살게 만들었다.

그는 "이 땅에 정의가 있다면 독성물질에 대한 한마디 사과나 시인 없이 살인기업이 법 제도 속에 숨어 존재할 수 있는지 반문하고 싶다."고 울먹거렸다.

이 엄마처럼 평생을 고통받으며 살아야 하는 사람들은 한두 명이 아니다. 가습기 살균제 피해 신고자는 530명이며 사망자는 142명이다. 최근 병마와 싸우던 이시연(54세) 씨가 사망하여 안타까움을 더하고 있다. 가습기 살균제 사건은 국민들에게 점점 잊혀져가고 있지만, 피해자들의 고통은 여전히 계속되고 있다. 가족을 먼저 하늘로 보낸 사람들은 죄책감에서 벗어나지 못하고 있으며, 병마와 싸우다 겨우 살아남은 사람들은 생활고에 허덕이고 있다.

일부 피해자(피해자 신청자 361명 중 168명)만이 정부로부터 가해 기업에 대한 구상권 청구를 전제로 한 의료비 등 긴급지원을 받고 있을 뿐이다. 정부가 뒤늦게 마련한 대책은 모든 피해자를 아우르지 못하는 지원에 그쳤다. 수많은 피해자들이 지원 대책에서 배제됐다. 가습기 살균제 피해 지원을 위한 정부 예산도 미미한 수준이다. 가습기 살균제 피해로 인해 가정이 파탄 나고, 죄인이 되고, 빚더미에 앉았지만, 이 모든 것이 피해자 개인이 떠안아야 할 몫이 되고 만 것이다.

가습기 살균제를 제조·판매한 가해 기업들은 여전히 '모르쇠'로 일관하고 있다. 유해 화학물질이 든 제품을 팔아 피해자들이 고통에 시달리고 있는데, 책임을 지기는커녕 공식 사과조차도 하지 않고 있다.

"유해한지 몰랐다."

가습기 살균제 기업들이 줄곧 해온 말이다. 가습기 살균제를 만들어 판매할 당시 제품 속 화학물질이 안전하다고 믿었고, 인체에 위험한 물질인지 알았다면 판매하지 않았을 것이라는 게 기업 측의 입장이다. 이 황당한 변명은 국가가 아이와 임신부 등을 사망에까지 이르게 한 기업들에게 명확한 책임을 지우지 못하는 이유가 됐다. 가해 기업은 이 이유를 방패막이로 활용하고 피해자들과 법정소송까지 벌이고 있다.

우리의 삶에 도사리는 화학물질은 약 4만 3,000종이다. 베이비로션, 물티슈만 보더라도 제품 속에 들어 있는 화학물질이 기본적으로

10가지가 넘는다. 안방, 화장실, 주방 등에 놓인 생활용품을 유심히 살펴보면 우리가 일상에서 접하는 화학물질이 얼마나 많은지 새삼 확인할 수 있을 것이다.

그런데 화학물질을 제조·판매하고, 화학물질로 제품을 만드는 기업들이 가습기 살균제 사건의 가해 기업들처럼 모두 "위험한 화학물질인지 몰랐다."고 말한다면, 우리는 어떤 제품을 믿고 사용할 수 있을까? 대기업 제품은 안전할 것이라 믿고 아이들에게 사용했는데, 기업들이 제품 속 화학물질에 대해 "위험한지 몰랐다"고 한다면? 두렵고 무서운 일이다.

화학물질 사고는 끊임없이 반복되고 있다. 2009년 발생한 '석면 베이비파우더' 사건은 우리 사회에 큰 충격을 줬다. 1급 발암물질인 석면이 아기들의 몸에 바르는 베이비파우더에 함유돼 있다는 사실이 밝혀진 것이다. 고환암과 유방암을 일으키는 발암물질로 알려진 파라벤이 치약에 함유돼 있다는 사실과 생식독성 유발물질인 프탈레이트가 장난감과 생활용품에서 발견됐다는 사실은 흔한 뉴스가 돼버리고 말았다. 아기 필수품으로 알려진 물티슈의 안전성 논란도 매년 단골손님처럼 등장한다.

이러한 화학물질 위해성 논란들이 일깨워주는 교훈은 명확하다. 유해 화학물질의 유출을 미연에 막아 국민의 건강과 안전을 보호해

야 한다는 점이다. 특히 화학물질을 다루는 기업들이 독성이 어떤지
도 모르는 화학물질을 사용하고, 국민인체실험을 실시하는 지금의
구조가 완전히 바뀌어야 된다는 것이다.

올해부터 달라지는 화학물질 관리체계

환경·산업 정책은 새로운 국면을 맞았다. 2015
년 1월 1일부터 '화학물질의 등록 및 평가 등에 관한 법률(화평법)'
이 시행되기 때문이다. 화평법은 화학물질을 관리하는 기초가 되는
법이다. 유럽 등 주요 선진국이 화학물질 관리체계를 유해물질 중심
에서 전체 화학물질로 확대하기 시작하면서 우리나라 정부도 이에
발맞춰 화학물질과 관련된 법 제정을 마련하고자 법을 준비했다. 이
과정에서 가습기 살균제 사건, 삼성전자 구미 불산 사고 등 화학물
질 관련 사고가 잇따르며 화학물질에 대한 경각심이 커졌고, 이 흐
름에 맞춰 2013년 5월 22일 드디어 화평법이 제정된 것이다.

화평법의 주요내용을 살펴보면 신규 화학물질 또는 연간 1톤 이상
의 기존 화학물질 중 정부가 등록이 필요하다고 판단한 등록대상 기
존 화학물질을 제조·수입하는 경우, 사전에 미리 등록해야 한다.
등록대상 기존 화학물질은 국내 유통량이나 유해성·위해성 정보를
고려해 환경부가 3년마다 지정·고시하게 된다.

또한 화학물질 제조 등의 보고가 있다. 신규 화학물질이나 연간 1

톤 이상의 기존 화학물질을 제조·수입·판매할 경우 화학물질의 용도나 그 양을 매년 환경부에 보고해야 한다.

이렇게 등록된 화학물질은 등록서류 검토 후 유해성(해로운 성질이나 특성) 평가 및 위해성(위험하고 해로운 성질) 평가가 실시되고, 허가물질, 유독물질(유해성 있는 물질), 제한물질·금지물질(위해성이 있는 물질)로 지정된다.

등록된 화학물질이나 혼합물을 양도할 때는 화학물질의 유해성·위해성 정보, 안전 사용정보 등의 정보 제공을 통해 연쇄적으로 공유해야 한다. 하위사용자·판매자와 제조·수입자 간에도 정보를 상호 공유해야 한다. 이런 과정을 통해 화학물질 자료는 데이터베이스화된다. '자료 등록 없이 판매할 수 없다(No Data, No Market).'는 사전예방적 관리체계가 마련된 것이다.

아울러 위해 우려 제품에 대한 안전관리 방안도 화평법에 포함됐다. 유해 화학물질이 함유된 제품을 생산 혹은 수입하기 전에 화학물질의 명칭과 함량 및 유해성 정보, 제품 내 물질 용도를 신고해야 한다. 또한 위해성이 우려되는 제품은 위해성 평가를 실시해 품목별로 안전·표시기준을 정해 고시해야 한다.

화평법은 특히 독성을 모르는 물질이나 위험성이 사전에 파악되지 않은 용도로 사용하는 것을 원천금지시켜 화학물질 사고를 사전에 차단하는 장치가 될 것으로 기대된다. 가습기 살균제 사건은 카펫 세척용으로 사용하던 약제를 독성연구 없이 가습기 살균제로 용도를 변경한 것이 큰 문제가 됐다. 결국 세균(박테리아)을 죽이던 독한 물질이 가습기 속 물 분자와 함께 인체로 직접 들어가, 사람들의 폐를 굳게 만든 것이다.

정부는 화평법에 따라 화학물질에 대한 정보를 수집·활용하면 제2의, 제3의 가습기 살균제 사건을 막을 수 있을 것으로 기대하고 있다. 화학물질이 제품에 들어가기 전부터 화학물질에 대한 유해 정보를 파악하고 있다면 국민건강과 환경보호에 대한 안전망이 만들어질 것이라는 입장이다.

갈길 먼 '화평법', 이것이 문제다

우리는 정말 화평법에 희망을 걸어도 되는 걸까? 환경·시민단체들은 화평법의 입법 취지에 공감하면서도 세부 내용에 대해선 아쉬운 점이 많다고 지적한다.

먼저 화학물질의 수와 선정 기준이 가장 큰 문제로 손꼽힌다. 우리나라에 유통되는 화학물질은 4만 3,000여 종이며 기존 화학물질은 3만 7,000종에 달하는 것으로 알려져 있다. 그러나 최근 환경부가 1차 등록대상 기존 화학물질로 선정한 화학물질은 518종으로 기존 화학물질의 1.4%에 불과하다. 이 물질을 제조·수입하는 경우 2015년부터 2017년까지 해당 물질을 등록해야 한다. 물론 향후 2018년 2차, 2021년 3차에 걸쳐 단계적으로 화학물질 등록대상을 확대해 간다는 방침이지만, 미미한 수치임은 분명하다.

특히 등록대상 물질이 대체 어떤 물질인가도 중요한 부분이다. '발암물질 없는 사회 만들기 국민행동'의 분석 자료에 따르면 1차 등록대상 기존 화학물질 518종에는 이미 유해화학물질관리법에 지정·관리되고 일정량 이상 유통된 물질이 421종이며, 외국에서 발암성·환경유해성 등으로 분류하고 있는 일정량 이상 유통된 물질이 97종(18.7%)이다. 즉 국내에서 이미 독성과 용도가 어느 정도 파악된 물질들이 81.3%를 차지한다는 것.
　뿐만 아니다. 세계적으로 생식 독성물질이나 중요 발암물질로 알려진 화학물질들은 이번 1차 등록대상 물질에 포함되지 않았다.

'발암물질 없는 사회 만들기 국민행동'은 논평을 통해 "발암성 1급 중금속류 중에서 비소화학물과 니켈화학물은 모두 미포함됐으며, 일본에서 담관암의 원인물질로 주목받는 1,20디클로로프로판도 포함되지 않았다."며 "유럽연합에서 벤젠이나 다핵방향족탄화수소류가 함유된 석유정제 산물인 납사와 각종 오일류를 중요한 발암물질로 보고 있으나 미포함됐고, 생식 독성물질인 2-메톡시프로파놀이나 20메톡시프로필아세테이트도 미포함됐다."고 염려했다.

화평법의 주요 골자가 화학물질을 등록·평가하는 것이라서 소비자에겐 생소하고 어려울 수 있지만, 화평법의 내용 하나하나가 우리의 생활 전반에 미치는 영향은 매우 클 것임이 분명하다. 그러나 화평법은 정말 소비자들이 필요로 하는 제품관리에서는 굉장히 소극적이다. 화평법의 모델이 된 유럽의 리치(REACH)와 비교하면 큰 차이가 난다는 것을 알 수 있다.

"유럽에서는 화학물질이 생산·유통되면서 결국 최종적으로 화학물질을 이용해 제조된 제품에까지 그 정보의 추적이 가능하도록 시스템을 구축했다. 하지만 우리나라의 화평법은 처음부터 제품에 대해서는 정보를 구축할 계획이 없었다."

김신범 노동환경건강연구소 화학물질센터 실장은 유럽 리치와 화평법의 차이를 한마디로 정의했다.

리치는 완제품의 제조·수입자도 화학물질 등록을 해야 하는 반면, 화평법은 화학물질 제조·수입자만 화학물질 등록을 하도록 했다. 예를 들어 가습기 살균제 피해를 입힌 '옥시싹싹 가습기당번' 제품의 경우 제품을 판매한 '옥시 레킷벤키저'가 등록 주체가 아니라, 원료성분을 제조한 '한빛화학'이 등록 주체가 된다는 말이다. 물론 제조사(한빛화학)와 하위 판매자(옥시 레킷벤키저) 간에 화학물질 정보를 서로 주고받도록 의무규정을 두긴 했지만, 현실적으로 대기업인 제품 판매자가 제조사에게 화학물질 정보를 제대로 제공할지는 의문이다.

무엇보다 화평법은 사용하고 있는 제품에 어떤 유해 화학물질이 함유됐는지 알고 싶은 소비자 욕구를 충족시키기에 매우 부족하다.

화평법 제6장 '위해우려제품 등의 관리'를 보면, 유해 화학물질 함유제품을 생산·수입할 경우(제품 함유 화학물질별 총량 연간 1톤 초과) 유해성 정보나 화학물질 명칭, 용도 등을 생산·수입 전에 환경부에 신고해야 한다. 신고한 유해 화학물질이 함유된 제품을 양도할 경우 양수하는 자에게 정보를 제공해야 하며, 소비자가 정보 제공을 요청할 경우에는 제품의 안전한 사용과 관련한 정보를 제공해야 한다. 그러나 정작 어린이들과 연관이 있는 장난감이나 문구류, 장판, 벽지 등 가정용 내장재류 등의 제품군에 대한 관리는 전무하다. 가습기 살균제 사건에 대한 대책으로 기존 한국기술표준원에서 품질경영 및 공산품안전관리법으로 관리되던 생활 화학용품에 대한 관리를 화평법 안으로 가져오면서, 생활 화학용품에 대한 알 권리만을 보장하고 있을 뿐이다.

특히 유해 화학물질 함유제품을 신고하는 부분을 보면, '사용과정에서 화학물질이 유출되지 않고 특정한 고체형태의 제품'은 신고대상에서 제외시켰다는 점이 큰 문제점으로 손꼽힌다. 어린이용품이나 생활용품에 흔하게 쓰이는 플라스틱 일종인 PVC(폴리염화비닐)에

환경호르몬 추정물질인 프탈레이트가 함유돼 있더라도, 소비자들은
화학물질 정보를 받을 수 없다는 얘기다.

유럽의 리치의 경우 다양한 제품에 대한 소비자의 알 권리가 보장
된다. 우선 리치는 발암물질, 돌연변이를 발생시키는 화학물질, 계
속 축적되는 독성물질, 호르몬계 영향을 주는 화학물질 등을 고위험
성물질(SVHC)로 규정하고 특별히 주의를 기울이도록 하고 있다. 제
품을 제조·수입하는 사람들은 발암물질, 생식 독성물질, 환경호르
몬 같은 고독성물질이 0.1% 이상 함유됐을 경우 신고를 해야 하며,
소비자들이 제품 내 고독성물질 함유 여부를 물을 경우 45일 이내
답변을 해야 한다.

김신범 실장은 "유럽 화학물질청은 신고 정보를 이용해 어떤 제품
군에 어떤 독성물질들이 들어 있는지 정리한 정보를 6개월마다 업데
이트하고 있다. 소비자들은 이 정보를 보면서 어떤 제품군에 고독성
물질이 많이 함유됐는지 미리 알게 되니, 엄마들 입장에서는 참 좋
은 것"이라며 "우리나라는 법 개정을 하지 않는 한 장난감이나 문구
류가 소비자의 알 권리 대상에 포함되진 않는다."고 지적했다.

소비자가 제품 제조에 대해 아는 게 없는데 어떻게 해야 하냐고
생각할지 모른다. 우리가 정보를 구축하면 된다. 유럽에는 켐섹
(Chemsec), 미국에는 알권리네트워크(RTKNET)가 있어 정보를 제공

한다. 소비자들이 시민사회단체와 함께 이러한 정보센터를 건립하는 데 나서야 우리가 안전해질 것이다.

우리는 가습기 살균제 사고도 불산 누출 사고도 경험했다. "어떻게 이런 물질이 내 주변에 있었느냐?", "어떻게 이런 물질을 사용할 수 있느냐?"며 가슴을 치는 일은 이제 족하다. 우리가 눈을 똑바로 뜨고 지켜보고 있다는 것을 깨닫게 해줄 길을 찾아야 한다.

제 4 장

화학물질 멀리하기 생활 속 실천법

엄마가 꼭 알아야 할 독성물질 퇴치법

아이의 얼굴과 몸을 닦는 물티슈, 최소 2년간 24시간 아이와 함께 하는 기저귀, 아이의 몸 구석구석에 바르는 베이비로션, 아이 입속에 들어가는 사탕과 과자, 음료수까지 현대사회에서 육아는 화학물질의 덫에 갇혀 있다. 산업화·근대화를 거치면서 이름만 봐서는 도저히 정체를 파악할 수 없는 화학물질들이 아이들의 삶 깊숙이 자리 잡고 있는 것이다.

〈베이비뉴스〉 편집팀이 엄마들로부터 가장 많이 들었던 질문은 화학물질로 만든 생활필수품을 거부하고 살아가는 게 과연 가능하느냐는 것이었다. 유아용품과 생활용품 속의 화학물질이 위험하다는 점을 알게 됐더라도, 그러한 제품들이 우리의 생활 속에 너무 깊숙이 자리 잡고 있기에 떨쳐내기가 쉽지 않다는 의견들이 많았다.

"그렇지 않아도 힘든 부모들을 왜 죄인으로 만드느냐?"고 항변하는 부모도 있었다. 차라리 모르고 사는 게 속이 편하지 않을까? 절대 그렇지 않다. "천리 길도 한 걸음부터"라는 중국 철학자 노자의 말처럼 생활 속 작은 실천이 우리 아이의 미래를 지킨다는 사실을 명심하고 의지를 갖고 노력해야 한다.

불편하더라도 아이를 키우는 부모라면 똑바로 알아야 한다. 제2의 가습기 살균제 참사가 일어나지 않길 바란다면 말이다. 아이의 안전을 지키는 첫 번째 파수꾼은 바로 부모다. 그렇기 때문에 화학물질을 멀리할 수 있는 생활 속 실천법을 익혀둘 필요가 있다.

플라스틱 제품에 뜨거운 음식 담지 말라

환경호르몬 노출을 막기 위해선 플라스틱 제품을 줄이는 게 관건이다. PVC 재질의 플라스틱에는 프탈레이트가 들어 있으니, 가능하면 사용하지 않아야 한다. 또한 플라스틱 용기에 뜨거운 음식을 담는 것은 피하자. 플라스틱 용기를 오래 쓰면 물리적으로 흠집이 나는데, 이곳이 환경호르몬인 프탈레이트가 노출되는 부분이기 때문에 오래 쓰지 않는 게 좋다.

비스페놀A가 용출되는 폴리카보네이트 종류도 사용하지 않아야 한다. 생수를 담는 투명한 용기가 폴리카보네이트 종류다.

또한 캔 제품의 코팅 부분, 병마개, 영수증에서도 비스페놀A가 검출된다. 심지어 지폐에도 비스페놀A가 있다. 돈을 오래 자주 만지면 비스페놀A가 검출되니 주의해야 한다.

계면활성제가 많이 든 세제 등을 자주 사용하면 비스페놀A가 몸에 상당량 흡수된다. 가공식품을 담는 용기에도 비스페놀A가 굉장히 많기 때문에 이런 점을 유념하여 사용하지 말아야 한다.

편식을 하거나 가공식품을 많이 먹는 경우도 환경호르몬 노출이 굉장히 많다. 유기농산물을 챙겨 먹고 채소가 많이 들어간 균형 잡힌 건강식단을 짜야 한다. 그래야 환경호르몬 노출이 적을뿐더러 몸에 쌓인 환경호르몬까지 몸 밖으로 배출할 수 있다.

물티슈로 절대 눈과 입을 닦지 말라

제일 좋은 건 티슈에 생수를 부어서 쓰는 방법이다. 레스토랑에 가면 돌돌 말려나온 티슈에 물을 적셔서 쓰는 일회용 물티슈 말이다. 이건 살균제를 넣을 필요가 없다. 세균이나 박테리아, 곰팡이가 성장할 가능성이 없다는 것이다. 물티슈가 걱정되는 사람은 그걸 쓰면 된다.

어쩔 수 없이 대용량 물티슈를 써야 한다면, 원칙은 간단하다. 물티슈에는 살균제(보존제)가 반드시 들어가며, 이 살균제는 아이, 어른 할 것 없이 인체로 들어가게 해선 안 되는 물질이다. 이것은 상식이다. 물티슈로 아이 입이나 눈을 닦는 행위는 절대 해서는 안 된다. 대신 아이 엉덩이에 묻은 것을 닦는 데는 사용해도 된다. 발을 닦아도 된다. 그러나 아이들은 발가락도 빨지 않나? 무조건 눈과 입을 통해 물티슈 성분이 몸속에 들어가면 안 된다는 원칙만 지켜라.

그리고 가능하면 물티슈 사용 후 빨리 건티슈나 물수건으로 닦아주거나, 따뜻한 물로 씻겨주면 된다. 어른은 상관없다. 어른은 살균제가 든 화장품, 치약도 사용한다. 하지만 아이들은 약하기 때문에 아이만 걱정하면 된다. 물티슈는 개봉하고 몇 시간만 지나면 썩기 시작한다. 세균을 가리기 위해 향료도 넣는다. 살균제를 안 넣었다는 물티슈 회사 광고는 다 거짓말이다. 믿지 말라.

색과 향료가 들어간 제품은 모두 치워라

'화장품은 당연히 발라야 한다'는 생각을 없애라. 왜 우리 아이에게 발라야 하는지를 먼저 생각해 보자. 아이 보습을 위해, 피부 보호를 위해 바른다고 하지만, 사실 아이들 피부는 아직 미발달된 상태이기 때문에 함부로 뭔가를 발라서는 안 되는 피부이기도 하다. 화장품을 바른다면 화장품 안에 어떤 성분이 들어 있는지 확인하는 게 필수다. 그걸 확인하지 않고 그냥 바르는 건 위험하다. 엄마가 만족하기 위해 바르는 건지, 아이에게 필요해서 바르는 건지 고민했으면 한다.

유아용 화장품의 경우 특히 '유기농', '천연화장품'으로 나온 제품이 많은데, '천연'이 반드시 안전한 건 아니다. '천연'을 가장한 '천연화장품'이 굉장히 많다. '이게 들었으니 안전해요'라는 무책임한 광고만 믿고 선택하지 말라. 성분이 이것저것 많이 들었다고 좋은 게 아니다. 위험성이 있다고 알려진 성분이 없는 가장 단순하게 구성된 화장품을 선택해라.

되도록 샘플은 피하자. 수입제품은 샘플도 유통기한, 제조일자, 사용방법, 전성분이 표시돼 있지만, 국내는 이런 정보가 없는 제품이 있다. 기본적인 정보가 적혀 있지 않은 화장품은 무조건 피해야 한다.

아이들 과자는 친환경 매장에서 구입해라

과자가 다 나쁜 건 아니다. 일반 공장 과자가 나쁘다는 것이다. 되도록 친환경 식품 매장에서 과자를 구입하면 된다. 생협이나 한살림 같은 곳 말이다. 친환경 식품 매장에서는 첨가물을 사용하지 않거나 사용하더라도 최소한으로 사용하기 때문에 이곳에서 파는 과자나 아이스크림을 먹는 게 좋다.

집에서 직접 만드는 홈메이드 과자 등은 찬성이다. 그러나 홈메이드를 표방해서 파는 비브랜드 제품은 공장 과자보다 더 권하고 싶지 않다. 공장 과자는 어떤 원료를 썼는지 확인이라도 할 수 있지만, 휴게소나 일반 매장, 백화점 등에서 만든 제품은 사용 원료 첨가물 표기 의무가 없어, 어떤 원료를 쓰는지 확인할 수 없다. 관리 사각지대에 있다는 것이다.

우리가 과자나 아이스크림이 좋냐 나쁘냐 판단할 수 있는 건 원료를 꼼꼼히 보고 판단하는 방법뿐이다. 그래서 원료를 꼼꼼하게 확인하는 습관을 가져야 한다. 광고를 그대로 믿지 말고 원료 표시를 보고 판단해야 한다. 사실 소비자가 '어떤 원료가 유해하다'는 내용의 정보를 얻긴 어렵다. 스스로 인식하고 공부할 수밖에 없다.

종이기저귀 대신 천기저귀를 사용해라

종이기저귀는 아기가 태어나자마자 사용하게 되는 화학물질 덩어리다. 기업이 아무리 일회용 기저귀를 '친환경', '유기농' 제품으로 만든다고 해도 일회용품일 뿐이다.

종이기저귀의 대안은 결국 천기저귀다. 천기저귀 빨래가 어렵다고 하는데, 천기저귀 빨래를 전문으로 하는 업체를 적극 활용해도 좋을 것이다. 물론 종이기저귀를 아예 안 쓸 수는 없다. 일상적으로

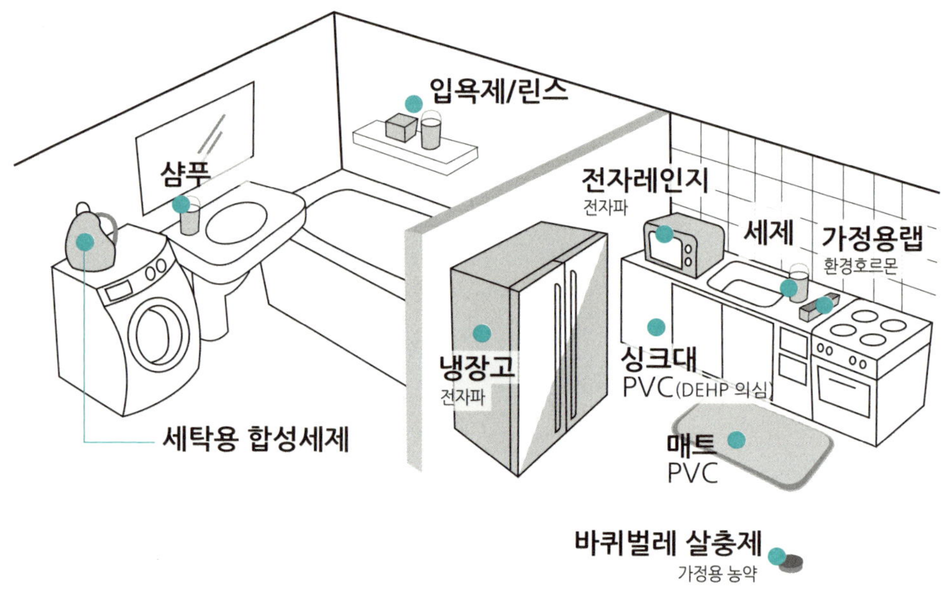

는 천기저귀를 쓰는 습관을 들이고, 외출할 때 부분적으로 종이기저귀를 사용하기를 권한다.

밀폐된 공간에서 스프레이 제품 사용 말라

가습기 살균제 피해의 절반이 아이들이었다. 이 피해를 반복하지 않으려면 밀폐된 공간에서 어떤 스프레이 제품도 사용해선 안 된다. 아이에게 사용하는 제품은 물론, 엄마가 쓰는 화장품 등 생활 스프레이도 마찬가지다. 엄마들은 아이와 항상 같이 있는 사람이다. 이것이 엄마, 아이 모두 주의해야 하는 이유다. 아이들은 가장 약자다. 더이상 가습기 살균제를 판매하지 않는다고 괜찮은 게 아니다. 가습기 살균제 피해가 낳은 교훈은 호흡으로 노출될 수 있는 모든 스프레이 제품을 조심해야 한다는 것이다. 위험한 제품을 스스로 피할 수 없는 아이들을 엄마, 아빠가 지켜줘야 한다.

유치원이나 학교에 석면 지도를 요청해라!

우리 아이들이 다니는 어린이집, 유치원, 학교에는 여전히 1급 발암물질인 석면이 존재한다. '신규 석면 사용'을 금지했으니 괜찮다고 생각하지만, 건물의 80%가 석면 건물이다. 석면이 없는 유치원과 학교? 불가능하다. 부모들은 유치원, 학교 등에 아이를 보낼 때 꼭 '석면 지도를 보여주세요'라고 말해야 한다. 석면 지도는 건축물의 석면사용 실태를 조사해 석면 함유 정보를 도면화한 것으로, 학교는 꼭 작성해 두어야 한다. 그걸 보여달라고 하자. 그러면 '부모들이 석면 문제에 대해 알고 있구나'라고 생각해 부담을 느끼고 더욱 잘 관리할 것이다.

전자파를 최소화해라

우리 일상에서 아이들을 괴롭히는 것에는 전자파도 있다. 우리가 일상생활에서 사용하는 TV, 컴퓨터, 밥솥 등 가전제품에서는 전자파가 나오는데, 생각보다 많이 나온다. 아이들은 특히 어른보다 전자파에 더 많이 노출될 수밖에 없기 때문에 전자파의 위험성을 항상 생각해야 한다. 가전제품과는 되도록 거리를 두고 사용하는 습관을 들여야 한다. TV를 볼 때는 1m 떨어져서 보는 식으로 말이다.

'유해물질 NO!'
우리 아이 안심 선물 사는 법

● 식품을 살 때 성분표를 살피듯 아이의 물건을 살 때도 재질 표시를 확인하자. 이때 플라스틱보다는 종이나 천으로 만든 것이 유해물질을 줄이는 데 도움이 된다. 비닐로 된 포장이나 플라스틱으로 된 포장지도 사용을 지양하고, 종이나 천으로 된 포장지를 사용하자.

● 반짝이는 재질로 된 장난감에는 환경호르몬의 하나인 프탈레이트가 함유됐을 가능성이 크고, 화려한 색깔로 칠해진 제품에는 중금속이 있을 확률이 높다. 향료에는 환경호르몬이 들어 있을 수 있다. 향기가 강한 제품은 사지 말자.

● 이것저것 따져서 사기 힘들다면 다른 아이가 쓰던 물건을 사용하는 방법이 있다. 주요 유해물질 중 하나인 휘발성 유기화합물은 끓는점이 높아 실온에서 휘발된다. 휘발성 유기화합물이 사용된

제품은 공기 중에 오래 있으면 유해물질이 날아가는 것이다. 새 집증후군을 피하려고 빈집에 보일러를 며칠간 돌리는 이유도 여기에 있다.

아이들 제품 역시 마찬가지다. 새 제품보다 이미 사용했던 제품이 유해물질이 적을 수 있다. 물건을 새로 사지 않으면 돈도 절약되고 쓰레기도 줄이는 일석삼조인 셈이다.

● 제품 성분을 직접 따져서 사는 게 어렵다면 안전제품으로 인증된 것만 찾아서 구입해도 된다. '발암물질 없는 사회 만들기 국민행동'은 유해물질 걱정이 없는 제품 목록을 사이트(http://www.nocancer.kr)에 정리해 놓았다. 홈페이지에서 'PVC 없는 학교 만들기'에 들어가면 가방, 지우개, 완구 등 품목별로 유해물질이 없는 제품을 찾아볼 수 있다.

유해물질이 없는 제품 목록을 사이트에 정리
http://www.nocancer.kr

반드시 피해야 할 화학물질 목록

글루탐산나트륨(MSG, monosodium glutamate)

감칠맛을 내기 위한 화학조미료로 글루타민산에 나트륨을 결합시킨 제품이다. 1960년대 말 다량의 MSG를 섭취하면 두통이나 근육경련, 메스꺼움 등의 증상이 나타난다는 보고가 나왔고, 미국 FDA는 MSG의 하루 섭취량을 제한했으며 신생아용 음식에 첨가를 금지했다. 이후 안전성 재검토를 통해 "MSG가 인체에 해를 준다는 증거나 이유가 없다"는 결과를 발표하면서 제한조건이 모두 해제되었다. 우리나라의 경우 2010년 식약처에서 MSG를 평생 먹어도 무해하다고 발표했지만 안정성은 여전히 논란이 되고 있다.

디젤 연소 분진

디젤 차량에서 배출되는 분진으로, 국제암연구소가 정한 1급 발암물질이다. 천식과 선청성 기형, 발달장애를 일으킨다.

비스페놀A

통조림 캔의 안쪽 면에 녹이 스는 것을 방지하기 위해 바르는 코팅제의 원료이다. 플라스틱과 레진 등에도 함유되어 널리 사용되는 화학물질로 환경호르몬으로 작용한다. 캔음료, 통조림, 즉석요리 식품의 용기에는 비스페놀A가 다량 함유되어 있다. 고온에서 비스페놀A가 나올 확률이 높다. 비스페놀A는 여성에게는 생리불순이나 생리통, 자궁내막증을 유발하고, 남성에게는 남성호르몬 및 정자 수 감소를 불러온다. 임신부라면 더욱 유의해야 할 물질이다.

디부틸히드록시톨루엔(BHT)

유지, 버터, 건어물, 생선 염장품 등에 식품첨가물로 사용되는 합성 산화방지제이다. 현재는 식품첨가물로 사용되는 일은 거의 없고, 식기 또는 식품 포장재 등의 플라스틱 제품 첨가제로 사용된다.

사카린

합성감미료의 일종으로 설탕의 200~700배 정도 강하다. 다량으로 섭취하면 식욕부진, 메스꺼움, 구토, 설사 등 위장장애가 나타난다. 동물실험에서는 장시간 지속해서 섭취할 경우 방광암을 일으키는 것으로 밝혀졌다.

수은

광물인 수은은 지표에서 수은 증기가 되거나 공업 과정에서 대기 중으로 방출된다. 대기 중 수은은 비와 함께 강, 호수, 바다로 녹아들어가 그곳에서 서식하는 생물의 몸속에 쌓이고 대사되어 유해한 유기수은으로 바뀐다. 어류 등 식품을 통해 체내에 축적되며, 중추신경계 독성을 보인다. 태아에게 기형을 유발하며 수은에 중독되면 미나마타병에 걸린다.

아세설팜칼륨

합성감미료의 일종으로 설탕의 100~200배 정도이다. 한국을 비롯해 미국, 유럽 일부 국가에서 사용을 허가하고 있다.

아질산나트륨

햄과 소시지, 명란젓에 붉은색을 내기 위해 첨가한다. 과다 섭취하면 혈관 확장, 헤모글로빈 기능 저하 등의 문제를 일으킨다.

아황산나트륨

샐러드 드레싱에 첨가되는 표백제 성분으로, 허용 섭취량을 초과하지 않는 한 크게 문제되지 않는다. 하지만 과다 섭취할 경우 두통, 복통, 메스꺼움, 순환기계

장애, 위점막 자극, 기관지염 등 부작용이 나타날 수 있다. 특히 천식 환자는 주의해야 할 물질이다.

안식향산나트륨

가공식품과 화장품 방부제로 사용하는 첨가물이다. 과일. 채소류, 각종 음료, 알로에 겔 제품, 초절임 및 마요네즈, 잼류, 마가린류에 사용한다. 눈, 코, 목 등의 점막을 자극하는 알레르기를 유발하거나 위장장애, 운동장애를 일으킬 위험이 있다.

염화에톡시에틸구아디닌(PGH)

강력한 항균 작용을 하며 호흡을 통해 사람 몸속에 들어가 적은 양으로도 호흡기에 심각한 부작용을 일으킨다. 메틸이소티아졸린온(MIT), 폴리헥사메틸렌구아디닌(PHMG)와 함께 더불어 가습기 살균제 사건을 일으킨 주범이다.

타르 색소 적색40호

석탄에서 추출한 인공착색료로 안전성에 대한 논란이 끊이지 않는 첨가물이다.

파라벤류

샴푸, 린스, 세안제, 화장품 등에 배합되는 방부제로, 여성호르몬과 비슷한 작용을 하는 환경호르몬이다. 사람에 따라 알레르기 반응이 일어날 수 있다.

형광증백제

빛깔을 선명하게 하는 형광안료. 세제, 기저귀, 옷, 화장지 등에 쓰인다. 장기간 사용할 경우 발암 우려가 있는것으로 알려졌다.

폴리헥사메틸렌구아디닌(PHMG)

항균 기능을 발휘하여 화학방부제, 세정제로 사용하는 물질이다. 이 물질이 한국에 들어와 가습기 살균제로 바뀌면서 흡입독성으로 변질되어 많은 인명을 앗아갔다.

납

축전지, 세라믹 도기, 인쇄, 벽지, 페인트, 수도관, 케이블 커버, 포일, 각종 합금 제조 등에 쓰인다. 기원전 로마시대 상류층에서는 납 그릇을 애용했다고 하니, 가장 오랜 역사를 가진 독성 금속이다. 독성이 강해 몸속에 흡수되며 신경계에 중독 증상을 일으킨다.

노닐페놀

계면활성제의 일종으로 옷감의 제조 과정에 쓰인다. 환경호르몬의 하나로 폴리염화비닐 제품의 랩으로 포장한 식품을 전자레인지로 가열할 경우 식품에서 노닐페놀이 검출되기도 한다.

폴리염화비닐(PVC)

플리스틱의 주성분으로 내분비계를 교란시켜 성장과 생식, 면역을 방해한다. 인조 가죽, 장판, 매트, 자동차 내구제, 전자제품, 완구, 실내화 등 광범위한 영역에서 사용된다.

프탈레이트

플라스틱을 부드럽게 하기 위해 사용하는 화학첨가제인데, 특히 폴리염화비닐(PVC)을 부드럽게 하기 위해 사용된다. 환경호르몬의 일종으로 우리 몸에 들어와 생식독성을 일으킨다.

합성 계면활성제

식품, 화장품, 약, 세제, 샴푸, 치약에 이르기까지 우리가 마주치는 수많은 생활용품에 계면활성제가 포함되어 있다. 오랜 시간 노출될 경우 신경장애를 일으킨다고 알려졌다.

독성가족 딜레마

인제대학교 소아청소년과 박미정 교수에 따르면 사춘기가 아주 빠른 아이들은 부모의 유전적 요소가 중요해 그 영향을 받을 확률이 60%에 이른다고 한다. 우리 주변에는 부모보다 더 심한 알레르기 증상을 겪는 아이를 흔히 볼 수 있다. 알레르기를 일으키는 요인이 태내에서 아이에게 전해졌기 때문이다.

독성물질 팝스(POPs)는 체내에 축적되고 새끼에게 대물림되는 특성을 지니고 있어, 이나즈 노리히사 박사는 이를 세대 전달 독성이라고 부른다. 이러한 독성물질은 자연환경에서 분해되지 않고 먹이사슬을 통해 동식물의 체내에 축적되어 면역체계 교란, 중추신경계 손상 등을 초래하는 유해물질이다. 팝스(POPs)를 우리말로 정확히

248

풀이하자면 잔류성 유기오염 물질이라 한다.

POPs는 대부분 산업생산 공정과 폐기물 저온 소각 과정에서 발생하며, 주요 물질로는 DDT · 알드린 등 농약류와 PCB · 헥사클로로벤젠 등 산업용 화학물질, 다이옥신 · 퓨란 등이 있다.

1960년~1970년대 이래 산업 · 농약용으로 사용된 화학물질이 인체 및 환경에 미치는 폐해가 규명됨에 따라 유엔환경계획(UNEP)이 중심이 되어 화학물질 안전관리 방안을 논의해 왔으며, 2001년 5월 12개 POPs를 규제하기 위한 스톡홀름 협약(POPs 규제협약)이 채택되었다.

유기염소계 농약	올드린(Aldrin : 토양살충제), 클로르덴(Chlordane : 제초제) 딜드린(Dieldrin : 방충제), 엔드린(Endrin : 살충제) 헵타클로르(Heptachlor : 토양살충제) 마이렉스(Mirex : 화염억지제 또는 살충제) 톡사펜(Toxaphene : 살충제) 헥사클로로벤젠(Hexachlorobenzene : HCB 살충제)
산업용 화학물질	염화비페닐(Polychlorinated Biphenyls : PCBs)
폐기물 소각 또는 산업 공정 부산물	다이옥신(Dioxins), 퓨란(Furans), 염화비페닐(PCBs) 헥사클로로벤젠(hexachlorobenzene : 살충제)

스톡홀름 협약의 규제대상 물질

부모의 생활습관과 식습관이 자녀의 유전자 생성 과정에 관여하여 아이의 형질에 영향을 미친다는 것은 후생학적 연구를 통해 이미 밝혀진 사실이다. 이나즈 노리히사 박사는 '세대 전달 독성'은 '유전'이 아니라 '전달되는 특성'이 있다고 지적한다. 유전은 사람이 막을 수 없는 것이지만, 습관은 온전히 전달하는 사람의 몫이므로 미리 예방하거나 바꿀 수 있는 문제라는 것이다.

아이가 생기고 나서부터 부모는 태교에 신경을 쓰고 먹는 것부터 입는 것, 자는 것까지 건강한 환경에 바짝 조심하는데, 후생학적 관점에서 보면 이때에는 많은 것이 결정된 상태일 수 있다. 부모의 생활습관과 식습관은 정자와 난자의 형성 및 수정, 태아의 발달 과정에서 매우 중요한 영향을 끼친다. 따라서 아이가 생기기 전부터 깨끗한 태내 환경을 만드는 것이 우선이다.

오늘 배출된 정자는 바로 3개월 전에 만들어진 정자라고 한다. 정자의 DNA에는 아빠의 몸 상태가 그대로 담겨 있다. 여자의 경우 태어나면서부터 난자를 지니고 태어난다. 그러니까 엄마 뱃속의 아이가 여자라면 엄마의 엄마에게서 물려받은 DNA 특성까지 물려받게 되는 것이다.

내 몸속에 독은 어디서 온 걸까? 우리 아이에게 나의 독을 물려주지 않으려면 어떻게 해야 할까?

내 몸속의 독은 어디서 온 걸까?

2014년 3월 2회에 걸쳐 방영된 SBS 다큐스페셜 〈독성가족-인체화학물질 보고서〉는 우리나라 최초로 인체에 축적된 독성 화학물질의 실체를 추적한 다큐멘터리다. 현대문명의 수혜를 받은 사람이라면 누구나 핏속에 독성물질이 흐른다는 가정 아래 실험에 참여한 35명을 '독성가족'으로 이름 지었다. 영유아에서부터 62세까지 실험에 참여한 이들의 피와 소변을 기증하기 전 24시간 동안 일상생활을 밀착 촬영해, 이들의 피와 소변에서 발견된 독성물질이 어떤 경로를 통해 몸속으로 들어오게 되었는지를 역추적했다.

대한민국 가족들의 표본집단이라 할 수 있는 이들의 검사결과는 놀라웠다. 검사에 참여한 신○○(62세) 할머니 가족의 경우, 가족 구성원 모두의 혈액에서 DDT 성분이 검출되었다. 36세 미술교사인 딸(엄마), 39세 대학원생인 사위(아빠), 유치원생, 8살 초등생까지 발암물질인 DDT에 노출된 것.

DDT는 유기염소계 농약으로 생태 잔류성이 강한 살충제다. 한국전쟁 당시 공중에 살포되었고, 이와 벼룩을 퇴치하기 위해 개인에게도 뿌려졌다. 그러나 DDT는 해충을 제거하면서 천적도 제거하여 생태계를 파괴하고, 암과 생식 이상을 유발한다는 사실이 밝혀져 1960년대 말에서 1970년대 초 사이에 전세계적으로 사용이 금지된 화학물질이다.

2006년 말라리아가 창궐한 아프리카 일부 지역에서 제한적으로 DDT 살포가 허용되기는 했지만, 이미 오래전에 사용이 금지된 독성 화학물질이 가족 전원에게서 발견되었다는 사실은 세대 전달 독성을 실감하게 한다.

마이클 스키너 워싱턴 주립대 생물학과 교수에 따르면 DDT는 현재 전세계 임신부들에게서 발견되는 주요 오염물질이라고 말한다. 다이옥신, DDT와 같은 독성물질은 반감기가 20~30년이다. 반감기란 반응물질의 농도가 처음의 농도의 반으로 감소되기까지 걸리는 시간을 가리킨다. 특히 DDT와 같은 잔류성 유기오염 물질은 몸속에 오래 머물러 있으며 배출되지 않고 축적되는 특징이 있다. 신○○ 할머니의 경우 체내 DDT 농도가 다른 가족에 비해 6배나 높았다.

건강을 위협하는 많은 유해물질들이 우리 몸속으로 들어와 핏속에 흔적을 남겼다. 또한 한 집에 사는 사람들이라고 해도 생활습관이나 공간에 따라 노출된 화학물질의 종류가 달랐다.

초등학교 1학년인 민호에게서는 다른 가족에게서는 발견되지 않은 계면활성제 계통의 물질인 노닐페놀이 발견되었다. 노닐페놀 성분은 가정용 세제에는 사용이 금지된 항목이라서 더욱 주목을 끌었는데, 학교급식을 통해 노닐페놀 성분이 축적되지 않았을까 추측해볼 수 있다. 상업용 세제에는 노닐페놀을 허용하고 있기 때문이다.

10개월 된 아들이 있는 이○○ 씨(29세) 가족은 환경호르몬의 하나인 프탈레이트 성분이 공통적으로 발견되었는데, 놀라운 사실은 10개월 된 아들이 가장 많았다는 점이다. PVC 재질의 장판에도 프탈레이트 성분은 녹아 있을 수 있다. 유아일수록 바닥에 앉아서 노는 시간이 많고, 플라스틱 장난감을 물고 빨고 놀며 손가락을 빠는 등 행동 특성이 원인으로 지목된다. 특히 유아는 성인에 비해 단위 체중당 호흡하는 양이 많기 때문에 유해 화학물질에 노출되더라도 더 큰 영향을 받는다. 환경 전문가가 간이 X선 측정기를 가지고 이○○ 씨의 집안을 검사해 보았더디 손끼임 방지장치, 놀이방 매트, 전기장판, 가죽 스툴 등에서 납, 크롬 등 중금속 성분들이 발견되었다.

아기 엄마 이○○ 씨에게서는 트리클로산 성분이 남편에 비해 140배나 많이 검출되었다. 트리클로산은 합성 계면활성제의 일종으로 항균성분이 강해 치약, 물비누, 세제, 화장품 등에 첨가하는 물질이다.

노출 회피 실험과 해독의 원리

1800년대 중반 이전까지 인공적으로 만든 화학물질은 비누와 유리 제조에 사용한 소다회, 표백제로 사용한 염소 등 극소수에 불과했다. 다양한 용도의 인공 화학물질은 1800년대 후반, 특히 1900년대에 이루어진 화학의 발달로 가능해진 것들이다.

인구의 폭발적인 팽창에 따라 생산성 증대 및 질병퇴치를 위해 개발한 것이 화학물질이다. 인류가 화학물질을 상용화한 지 100년 남짓, 생존을 위한 선택이었지만 이를 싸고 편리하다는 이유로 무분별하게 사용한 대가를 지금 우리가 치르고 있는지도 모른다.

원인을 알 수 없는 생리통, 난임, 갑상선질환의 만연, 성 소숙증의 급증 등…. 세포학자, 예방의학자, 환경보건학자들은 이와 같은 질환들이 태아 시기 내분비계 교란 물질에 영향을 받거나 오랫동안 몸속에 축적된 독성화학 물질의 영향이라고 주장한다.

〈독성가족〉 프로젝트에 참여한 가족 중 극심한 생리통을 호소하는 대학생 오○○(21세) 씨를 상대로 노출 회피 실험을 했다.

노출 회피 실험이란 생활 속에 유해물질이 나올 만한 모든 조건을 차단한 채 생활하는 것이다. 채식과 현미밥 위주의 식사, 통조림 · 인스턴트 · 배달음식 금지, 식사 용기 · 식품보관 용기로 플라스틱류 사용 금지, 향기 나는 제품 제외(향수, 생활공간용 향기 제품), 매니큐어 사용 금지, 샴푸류와 비누류는 프탈레이트와 트리클로산이 없는 것으로 확인된 제품만 사용, 코팅 주방도구 및 방수용품 금지, 영수증과 지폐를 손으로 직접 만지는 행위 금지(만일 손으로 만질 경우 바로 비누로 손 씻기), 생수병과 같은 폴리카보네이트 재질의 플라스틱 사용 금지 등이 이에 해당된다.

3주 후 오○○ 씨에게는 어떤 변화가 생겼을까? 그는 굉장히 편안한 얼굴로 인터뷰에 응했다.

"어제는 수업도 받으러 가고 내가 그런(생리) 날에도 살 수가 있구나, 정상적으로 살아보니 참 좋았어요. 어떻게 보면 좋아질 수 없게 생활하면서 좋아지길 바랐던 것 같아요. 막상 이렇게 안 아프니까 신기해요."

생활 속 습관만 바꿔도 체내의 독성물질 성분을 줄일 수 있다. 불임으로 고생하는 이○○ 씨의 비스페놀A 성분이 환경부가 조사한 국민생체 시료 평균보다 6배나 많이 검출되었다. 비스페놀A는 통조림제품이나 포장제품의 코팅제로 쓰이지만, 체내에 흡수되면 정자를 공격하고 난자 형성을 교란하는 생식독성으로 알려진 물질이다. 열에 약해 열을 가하면 방출되어 식품과 함께 섭취할 가능성이 있다. 이○○ 씨는 6개월간 장을 보고 난 후 편의점에 들러 따뜻하게 데워진 캔음료를 사 마셨다고 했다. 5일간 캔음료를 중단했더니 이○○ 씨의 혈액에서는 비스페놀A 성분이 발견되지 않았다.

참가자 중 프탈레이트 성분이 가장 많이 발견된 직장인 박○○ 씨는 아침마다 향수를 애용했는데, 5일 동안 사용을 중시했더니 프탈레이트 성분이 1/8로 줄었다.

피할 수 없다면 배출해야

〈독성가족〉 참가자 중 유일한 10대였던 박○○ 양, 박 양은 사전 인터뷰에서 자신의 집은 독성 화학물질로부터 안전할 것이라고 자신했다. 이유는 치약 빼고는 엄마가 대부분 집에서 만들어주는 음식을 먹고 생활하기 때문이라는 것. 실험 결과 박○○ 양에게서는 프탈레이트와 디에틸헥실프탈레이트(DEHP) 성분이 환경부가 조사한 국민생체 시료 평균보다 2배나 높게 검출되었다. DEHP는 프탈레이트 계통의 인공 화학물질로 무색무취한 액체다. 세계야생보호기금(WWF)은 DEHP를 환경호르몬(내분비계 장애물질) 67개 물질 중 하나로 분류하고 있다. 어바인 캘리포니아 대학 브루스 블룸버그 교수는 체내 지방세포 수는 사춘기 때 결정되는데, 이때 DEHP에 노출되면 평생 비만과 싸워야 한다는 사실을 동물 실험을 통해 밝혀냈다.

여중생의 몸에서 발견된 DEHP 성분은 어디에서 들어온 것일까? 휴대용 X선 측정기로 검색해 본 결과 소파, 전기매트, 바닥재, 실크 벽지, 시트지, 식기, 화장실 타일 등에서 크롬, 납, DEHP와 같은 성분들이 검출되었다.

먹고 자고 싸고 입고 숨 쉬는 생활공간 어디에나 화학물질은 녹아 있다. 플라스틱을 예로 들어보자. 잠자리에서 일어나는 순간 플라스틱 장판이 우리를 맞이한다. 플라스틱 화장실 변기에 앉아 노폐물을

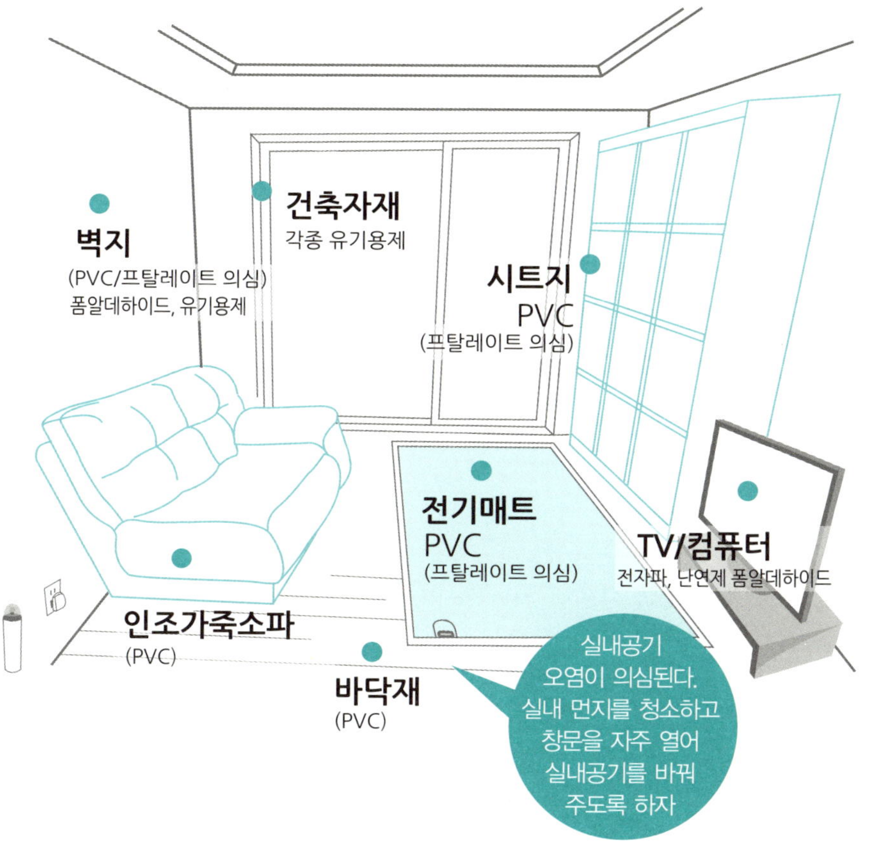

배출하고 플라스틱 재질의 식탁에 앉아 아침을 먹는다. 플라스틱으로 만든 키보드를 누르고 플라스틱 마우스를 클릭하며, 플라스틱 컵에 물을 마시며 하루를 보낸다. 어디에 어떤 화학물질이 있는지 알고 노출을 줄이는 것이 중요하지만, 개인의 노력으로 노출을 줄이는데 한계가 있다면 배출을 늘이는 건 어떨까?

경북대학교 예방의학과 이덕희 교수는 현미밥에 채식과 운동을 대안으로 제시한다.

"동물성 식품 자체가 문제라는 말은 아닙니다. 그러나 공장식으로 키워진 동물의 지방층에는 POPs 물질이 많을 수밖에 없습니다. 우리가 음식을 먹을 때 기름 성분이 있으면 그것을 소화시키기 위해 담즙이 나옵니다. 그때 팝스 물질도 나옵니다. 식이섬유가 풍부한 음식을 먹으면 이 식이섬유가 POPs 물질과 흡착해서 대변을 통해 배출됩니다. 이것은 이미 1970년대 동물실험을 통해 증명된 사실입니다."

〈독성가족〉 프로젝트에 출현한 이○○ 씨는 3년 동안 동물성 단백질을 섭취하지 않은 현미채식주의자다. 이○○ 씨의 몸에서도 독성물질이 검출되었지만 일반인들보다 훨씬 적은 양이었고 대변을 통한 독성물질 배출량도 월등했다.

이덕희 교수는 말한다.

"식물성 식품 안에 들어 있는 식이섬유들, 그리고 파이토케미컬(과일이나 채소에서 발견할 수 있는 물질)들이 몸속에 축적된 화학물질을 배출하는 데 굉장한 역할을 합니다. 화학물질이 몸속에서 일으키는 문제를 상쇄시키는 것은 먹는 것과 운동입니다. 식이섬유와 파이토케미컬의 절대량을 늘리는 것이 중요합니다."

배출만이 능사는 아니다. 신생아 태변에 엄청나게 높은 농도의 POPs 물질이 검출되고 있다. 어떻게든 악순환의 고리를 끊어야 한다. 불임이 늘고 화학물질에 오염된 젖으로 아이를 키우며, 사춘기가 빨라지고 폐경기가 늦어진다면 인류는 과연 계속 존재할 수 있을까? 바깥 세상이 오염돼도 나만 좋은 집에서 좋은 음식을 먹으며 보호받을 수 있을까? 글쎄, 그건 불가능해 보인다.

최근 반가운 것은 미래창조과학부의 지원으로 국내 연구진으로 구성된 '환경호르몬 대체물질 개발단'이 발족했다는 소식이다. 정부 차원에서도 갈수록 심각해지는 환경문제를 해결하겠다는 의지를 보인 것이다. 산학협력으로 구성된 개발단은 환경호르몬 대체물질 개발, 보급, 안정성 평가와 감지센서 개발, 환경호르몬과 연관된 규제와 사용 배출에 대한 제도 개선, 환경호르몬의 위험성에 대한 대국민 홍보체계를 구축해 나갈 계획이라고 한다.

'합성 화학물질 만능 100년'의 패러다임을 바꾸기 위해서는 우리는 또 몇 세대에 걸친 갈등의 시간을 겪어야 할 것이다. 우리가 독성 화학물질의 유통 경로를 알면 알수록 생태계 전체의 문제라는 사실을 알게 되고, 이 문제를 해결하는 것이 우리 자신을 구하는 일이라는 걸 뼈저리게 느끼게 된다. 부모라면 이전보다 더욱 예민한 관심을 가지고 주변을 둘러보아야 할 것이다.

화학물질로부터 아이를 지켜주는 책들

아는 것이 힘이다. 부모의 무지는 아이를 위험에 빠뜨릴 수도 있다. 우리의 생활 깊숙이 침투한 화학물질과 독성물질의 위협으로부터 자유로워지려면 알아둬야 할 것들이 많다. 아이들을 안전하게 키우고 싶은 부모들을 위해서 꼭 한 번 읽어 봐야 할 책을 정리했다. 또한 아이와 함께 읽으면 좋은 책도 함께 모아봤다.

부모님이 꼭 읽어봐야 할 책

(담배보다 나쁜 독성물질 전성시대) 아이 몸에 독이 쌓이고 있다

임종한 | 예담 | 2013

세대 전달 독성, 그 무서운 대물림을 막기 위해 생활 속 실천법과 안전한 환경을 만드는 방법을 소개한 책이다. 아이들의 건강을 위협하는 화학물질의 위협에서 아이들을 지키는 구체적인 방법을 제시한다. 풍부한 의학적 처방과 다양한 실천법을 자세히 안내하며 독성물질에 둘러싸인 현실을 바로 볼 수 있도록 도와준다.

알레르기, 아토피 피부염, 천식, 선천성 생식기계 질환까지 과거에 없던 현대병의 원인이 되는 식품산업, 주거산업, 제약산업의 부산물인 화학물질이 어떻게 아이들의 건강을 위협하는지 자세히 살펴본다. 독성물질로 범벅이 된 도시환경과 생태계 파괴 현장을 생생하게 보여주며 이를 통해 부모가 아이를 위해 무엇을 해야 하는지, 무엇을 해서는 안 되는지 가려낼 수 있도록 이끌어준다.

음식의 발견 (먹기 전에 꼭 알아야 할 48가지 건강 지식)

하상도 | 북랩 | 2015

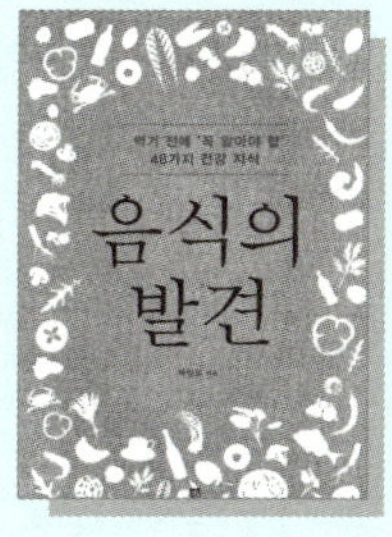

식품 전문가 하상도 교수가 전하는 식품 상식의 '허와 실'을 밝혀주는 책이다. 첨가물, 기호식품, 안전성, 가정에서의 음식 보관 및 식습관 등으로 크게 범주를 나눠서 식품에 대한 다양한 이야기를 전달한다. 이외에도 식품 포장지만 보고도 안전을 확인하는 요령, 일교차 큰 환절기 때 식중독과 곰팡이를 예방하는 방법, 황사 시기에 식품안전을 확보하는 요령 등도 일목요연하게 설명한다.

(많이 바를수록 노화를 부르는) 대한민국 화장품의 비밀

구희연, 이은주 | 거름 | 2009

화장품의 성분과 사용법을 꼼꼼하게 파헤친 화장품 지침서다. 저자들은 많이 바르면 좋을 것 같은 화장품들은 알고 보면 적게 바를수록 피부에 좋다고 말한다. 이 책은 다른 크림과 크게 성분의 차이가 없는 아이크림, 이름만 번지르르한 세럼 등 화장품의 불편한 진실을 담고 있다. 저렴하고 대량 생산이 가능하다는 이유로 석유계 화학물을 이용해서 만들어지는 화장품들. 이제 성분을 확인하고 피부에 맞는 화장품을 사용하자.

저가의 화장품들은 어떤 성분으로 이뤄져 있을까? 친환경적인 이미지를 보여주지만 실제로는 발암성이 높고 내분비장애를 일으킬 가능성이 있는 위험물질이 들어가 있다. 화장품의 제조원가를 낮추기 위해서는 어쩔 수 없이 값싼 석유계 화학성분이 들어간다. 유아용 화장품 역시 특별히 더 순하고 유해성분들이 전무한 것이 아니라 어른 화장품에 비해 '아주 약간' 순할 뿐이다.

바르면 어쩔 수 없이 먹게 되는 립스틱과 립글로스. 미국에서는 발암성 문제로 사용이 금지된 식용색소 적색2호, 알레르기와 천식, 설사를 유발할 수 있는 적색 3호. 미국 FDA에선 이 색소들을 제품에 첨가할 경우 사용상 주의를 표기하게 됐으나 우리나라에선 과연? 대한민국 화장품의 불편한 진실이 담겨 있다.

가공식품 (내 아이를 난폭하게 만드는 무서운 재앙)

오사와 히로시 | 홍성민 옮김 | 국일미디어 | 2009

내 아이를 난폭하게 만드는 가공식품을 치밀하게 파헤치는 건강서이다. 무조건 화를 내고 반항하고, 부모의 말을 무시하고, 선생님을 무시하는 아이들이 늘어만 가고 있는데, 이런 아이들의 뒤에는 유해 '가공식품' 섭취라는 문제가 숨어 있다. 심리영양학의 대가인 저자는 현장에서 수집한 생생한 사례를 통해 아이의 몸뿐만 아니라 마음까지 병들게 하는 유해 가공식품의 문제를 치밀하게 파헤쳤다.

과자 내 아이를 해치는 달콤한 유혹. 1

안병수 | 국일미디어 | 2005

정제당과 나쁜 지방, 식품첨가물이 첨가돼 생활습관병을 부르는 가공식품에 대해 파헤치고 있는 책이다. 영양가는 없으면서 적은 양으로도 공복감이 해소되는 식품인 정크 푸드가 하나같이 당 지수가 높으면서 각종 첨가물이 무차별 사용된 식품이라는 점을 비롯해, 설탕을 마약으로 치부하는 충격적인 내용들이 고스란히 담겨 있다.

특히 '제1장–위대한 파괴자들'에서는 우리가 흔히 먹는 초코파이를 비롯해, 아이스크림, 각종 햄과 소시지, 껌, 청량음료 등에 대한 해부와 함께, '아메리칸 사료' 라고 표현한 패스트푸드의 위험성을 방대한 자료와 연구결과를 바탕으로 논리적으로 밝혀놓았다.

과자 내 아이를 해치는 달콤한 유혹. 2

안병수 | 국일미디어 | 2009

2005년 화제가 됐던 〈과자, 내 아이를 해치는 달콤한 유
혹〉의 두 번째 이야기로 정제당과 나쁜 지방, 식품첨가물
이 첨가돼 생활습관병을 부르는 가공식품에 대해 치밀하
게 파헤치고 있다. 또 몸의 면역력을 키우고 몸과 마음을
건강하게 만드는 음식을 소개하고, 우리 식탁에서 치워야
할 식품들을 제시하고 있다.

식품 전문가인 저자는 제당 대신에 비정제당을, 알레르기를 유발하는 우유 대신
요구르트, 희석식 소주 대신 증류식 소주를 권한다. 뿐만 아니라 과일만 먹어도
살이 찐다는 이야기처럼 평소 우리가 잘못 알고 있었던 내용도 바로잡고 있다.
또 식품을 생산하는 공장을 넘어 수출용 제품 생산 현상까지 분석하고, 뇌를 공
격하는 MSG 없이 찌개를 끓이는 방법을 소개한다.

(내 아이를 해치는) 맛있는 유혹 트랜스지방

안병수 | 국일미디어 | 2008

트랜스지방에 관한 모든 것을 담은 책이다. 이 책은 자연
식품의 조작으로 생성된 트랜스지방에 관한 내용을 소설
형식을 빌려 흥미롭게 풀어낸다. 지방의 양면성과 트랜스
지방산의 나쁜 점, 혈관 건강과의 관계, 생태계에서 순환
하는 트랜스지방과 몸에 좋은 지방을 섭취하는 방법까지
상세하게 알려준다.

방사능 시대를 살아가는 엄마들에게
(아이를 안전하게 키우고 싶은 엄마들을 위한 방사능 필수 상식)

정갑수, 김익중 | 열린세상 | 2015

핵발전소는 후쿠시마처럼 사고가 나지 않아도 일상적으로 방사성 물질을 내보낸
다. 방사성 물질에 노출될 경우 각종 암과 유전병에 걸릴 확률이 크다. 이러한 방

사능 노출의 최대 피해자는 아이와 여성이다. 그런데 세계에서 핵발전소 밀집도가 가장 높은 나라인 한국은 아직 제대로 된 안전장치조차 없는 형편이다. 그래서 이 책은 엄마들을 위해 대중적이고 실용적인 부분에 중점을 두고 이야기를 풀어나갔다. 엄마들이 갖고 있는 방사능에 대한 궁금증은 물론, 뉴스를 볼 때마다 드는 막연한 불안과 고민을 해소하는 든든한 안내서 역할을 할 것이다.

자연을 담은 엄마의 밥상 (동네 부엌이 추천하는 유기농 반찬 100가지)

동네부엌 | 북센스 | 2010

'동네부엌'은 안전한 먹을거리에 대해 고민하는 엄마들에게 큰 인기를 끌고 있는 유기농 반찬가게이다. 우리 땅에서 난 유기농 식재료를 사용하여 친환경 조리법으로 만든 반찬을 파는 '동네부엌'은 일하는 엄마들의 수고를 덜어주기 위해 의기투합한 몇몇 생협 조합원들을 중심으로 2002년 5월에 탄생했다. 가정집 부엌에서 소박하게 출발했지만  지금은 대학교에 도시락을 납품하고 대학구내식당의 운영을 맡을 정도로 성장했다. 품앗이 반찬가게 규모였던 동네부엌이 이처럼 놀라운 성장을 한 것은 '좋은 재료로 정성껏 만든다'는 단순한 진리를 우직하게 실천했기 때문이다. 이 책에는 그동안의 경험과 고객평가를 기준으로 동네부엌이 엄선한 반찬 100가지가 담겨 있다.

아픈 아이들의 세대

우석훈 | 뿌리와이파리 | 2005

서울에서만 한 해에 10만 명의 아이가 태어난다. 그런데 앞으로 적어도 5년간은 아이를 낳을 수도 건강하게 기를 수도 없는 지옥이라는, 그래서 임산부와 아이들은 지금 당장 서울을 '긴급탈출' 해야 한다는 충격적인 주장을 펴는 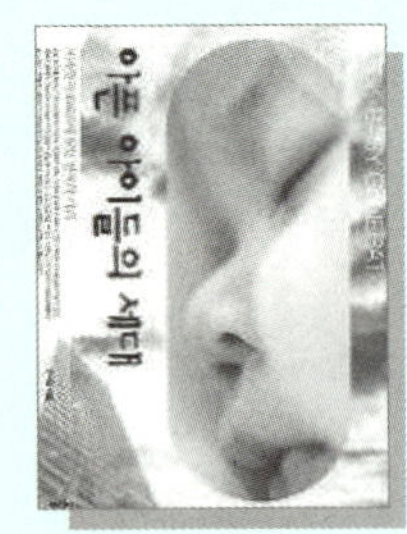

책이다. 주로 자동차의 배기가스와 건설공사장에서 발생해 특히 0세에서 5세까지의 영유아에게 치명적인 호흡기질환을 일으키는 미세먼지 피엠텐의 위험성을 고발하고 있다.

유기농을 누가 망치는가 (소비자를 위한 유기농 가이드북)

백승우, 유병덕 | 시금치 | 2013

소비자를 위한 유기농 가이드북이다. 소비자와 생산자의 왜곡된 의사소통과 소원한 관계에서 원인과 대안을 찾아 유기농업이 우리 농업의 대안이 될 수 있음을 보여주는 책이다. 농부, 국제유기심사원, 도시농부, 생협 활동가, 환경운동가인 저자들이 오랜 세월 잡초와 벌레, 병해와 싸우는 유기농사를 지으며 스스로에게 묻고 답해온 것들에 대해 이야기한다. 우리나라 농업이 유기농업으로 바뀌는 것은 농사꾼이 아닌 소비자의 손에 달렸음을 일깨워주고자 한다.

(쉽게 따라하는) 핸드메이드 생리대

여성환경연대 , 네모의꿈 | 북센스 | 2010

국내 최초의 면생리대를 만드는 가이드북이다. 대안생활문화 캠페인을 펼쳐온 여성환경연대와 친환경 소재의 바느질 공방 네모의꿈이 함께 만든 면생리대 DIY 안내서이다. 산책 생리대, 아침 생리대, 좋은꿈 생리대 등 핸드메이드 생리대 12가지와 에코백, 파우치 등 관련 소품 10가지를 만드는 방법과 실물본이 실려 있다. Q&A 등 상세한 사용안내를 수록해 면생리대를 처음 만나는 독자도 쉽게 이해할 수 있도록 했다.

나쁜 식탁 VS 건강한 밥상

다음을 지키는 엄마들의 모임 | 민음인 | 2012

'제대로 된 음식'을 알아보는 안목을 키울 수 있도록 도와
주는 책이다. '다음을 지키는 엄마들의 모임'은 음식과 환
경, 미래세대의 건강에 관심을 가지고 이와 관련된 활동을
전개하고 있으며, 그러한 활동의 일환인 이 책은 '무엇을
먹느냐'보다 '어떻게 먹느냐'를 강조한다. 사람들이 대형마
트에서 일상적으로 구매하는 식재료들에 숨겨져 있는 위험
한 진실을 알리며, 식품을 구매하기 전에 다시 한 번 생각

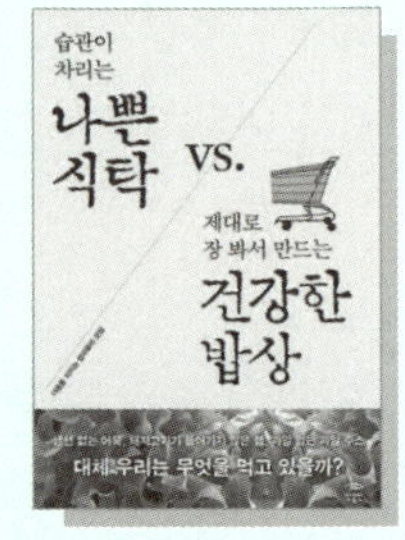

해 볼 것을 제안한다. 한 번 더 생각하는 식생활을 통해 자신과 가족의 건강, 나
아가 지구의 미래까지 살릴 수 있다고 한다.

친환경 음식백과 (가족 건강을 위한 최고의 밥상)

최재숙 , 김윤정 | 담소 | 2011

가족 건강을 위한 친환경 라이프 서적이다. 에코생협 최재
숙 상무이사가 친환경으로 살아갈 수 있는 방법을 알려주
며, 누구나 실천할 수 있는 생활 속 작은 친환경을 제시한
다. 친환경 장보기부터 시작해 친환경 건강 레시피, 친환경
으로 생활하는 살림의 기술까지 친환경에 대한 궁금증들을
해결해 준다. 어렵고 멀게 느껴졌던 친환경 생활법을 차근

차근 설명해 놓았다. 힘들거나 경제적인 부담이 있는 것이 아니라 지금 생활에서
도 충분히 실천할 수 있는 부분들이다. 1부에서는 친환경 장보기 팁을, 2부에서
는 친환경 재료 선별과 친환경 먹을거리를 소개한다. 부록에서는 살림의 지혜를
친환경적으로 실천할 수 있는 방법을 이야기한다.

친환경 살림의 여왕 (건강한 우리집 만드는 똑똑한 살림 비법)

월간 헬스조선 편집부 | 비타북스 | 2010

건강한 집을 만드는 친환경 살림 노하우를 담았다. 건강 리빙지 〈월간 헬스조선〉
기자들이 발로 뛰어 찾은 생생한 정보와 독자들에게 많은 사랑을 받았던 생활밀
착형 건강살림의 진수를 전해주는 책이다. 청소, 세탁, 가드닝, 인테리어, 에코 라

이프, 가족 건강, 홈 뷰티 등에 걸쳐 친환경 아이디어 780
가지를 담았다. 욕실 바닥 청소하는 법, 곰팡이가 핀 실리
콘을 복구하는 법 등 일상에서 발생하는 문제들에 대한 친
환경적인 해법을 제시한다. 또한 전자파를 차단하는 식물,
불면을 예방하는 플라워테라피 등 홈 가드닝과 그린 인테
리어에 대한 정보도 함께 제공한다.

좋은 엄마가 알아야 할 환경 상식 (의사할머니의 생태육아 편지)

사카시타 사카에 | 연주미 옮김 | 미토 | 2006

임신 가이드북. 이 책에서는 의사이자 환경운동가인 어머
니가 임신한 딸에게 먼저 아이를 낳고 키운 선배의 입장에
서 임신했을 때 중요한 것, 조심해야 할 것을 편지로 알려
준다. 오염된 환경 속에서 건강하게 아이를 낳고 키우는
'생태육아법'이 담겨 있다. 임신 초기부터 학교 급식의 문
제까지 폭넓게 다루고 있다.

당신의 아이가 위험하다
(생활용품 속 무서운 유해화학 물질 이야기)

이다 데쓰지 | 박미령 옮김 | 매경출판 | 2014

컴퓨터나 TV는 물론이고 화장품, 세제, 도료, 플라스틱 제
품에 이르기까지, 우리는 인공 화학물질에 둘러싸여 살고
있다. 일상 생활용품을 무심코 쓰다가 나중에야 유해하다
는 것을 알게 되는 경우도 많다. 이 책은 20여 년에 걸쳐
이 분야를 조사해 온 기자가 지구의 생태계와 인류의 건강
을 위협하는 유해 화학물질의 진실을 밝힌다. 화학물질에
노출되는 타이밍도 인간을 비롯한 생물체에 대한 독성을

결정하는 중요한 요소가 된다는 사실을 알고 이에 대한 대비책을 세우도록 돕는
다. 또한 화학물질이 어린이에게 왜 더 치명적인지 자세히 알아보고, 실생활에

존재하는 위험 요소들을 제거할 수 있도록 안내한다.

환경호르몬의 반격
(환경호르몬으로부터 내 아이와 가족을 보호하는 방법)

린드세이 벅슨 | 김소정 옮김 | 아롬미디어 | 2012

SBS 스페셜 〈환경호르몬의 습격〉이 방영된 후 많은 사람들이 공포에 가까운 감정을 느끼며 집안의 플라스틱을 치웠다고 한다. 하지만 플라스틱만 치우면 되는 걸까? 방영 후 불거진 플라스틱 유해 논쟁에서 보았듯이 모든 플라스틱이 문제일까? 이 책에 따르면 그렇지는 않다. 플라스틱 제품 중에서도 프탈레이트, 비스페놀A, 폴리카보네이트 등이 포함된 플라스틱은 유해하며, 폴리에틸렌이나 폴리프로필렌이 포함된 플라스틱은 그렇지 않다고 저자는 밝히고 있다. 이처럼 저자는 환경호르몬에 대한 막연한 공포감을 느끼기보다는 구체적으로, 정확히 파악한 후 현명하게 대응하는 것이 필요하다고 말하고 있다.

책으로 만든 환경의 역습

박정훈 | 김영사 | 2004

SBS 다큐멘터리 〈환경의 역습〉과 TV에서 다루지 못한 다양한 환경정보들을 수록한 책이다. 1년 동안 북미, 유럽, 일본 등 전세계를 발로 뛰며 전문가들과 피해자들을 취재하고, 화학물질의 해독과 치료 과정을 과학적 실험으로 검증해 오염된 환경에 대해 현재까지 밝혀진 모든 것을 보여준다. 실내 공기와 바깥 공기, 먹는 음식물, 각종 소비재에 이르기까지 도시인들의 일상적 삶 속에서 과연 환경의 문제는 어떤 것이고 그 해결책은 무엇인가를 찾아가는 과정이 그려졌다. 이 책은 우리나라에서 처음으로 화학물질과 중금속, 미세먼지 등 3대 물질의 공격으로부터 우리를 보호하기 위해 쓰였다. 또한 건축자재, 중금속, 플라스틱 등 유해 화학물질에서 나오는 환경호르몬의 유해성을 밝히고, 이제 환경문제가 그 어떤 경제적 이득보다도 공동체 사회의 가치로서 최우선으로 고려돼야 한다고 말하고 있다.

깨끗한 공기의 불편한 진실
(실내공기의 습격 우리집은 안전한가)

마크 R. 스넬러 | 박정숙 옮김 | 더난출판사 | 2011

미국 알레르기천식면역학회에서 꽃가루와 곰팡이 조사 방법 전문가로 활동 중인 저자 마크 R. 스넬러가 40년 동안의 경험을 바탕으로 실내공기의 질에 관해 쓴 책이다. 저자는 우리의 집, 직장, 학교 내 환경이 실외보다 열 배는 더 해롭다는 사실을 밝히며, 보이지 않는 적인 실내공기 오염물질에 대항하기 위한 다양한 방법을 알려준다. 또한 알레르기와 천식에 관한 기본지식을 제공하고, 우리가 일상환경에서 접하는 화학물질과 그것을 대신할 수 있는 안전하고 저렴한 대체물에 관한 정보를 소개한다.

우리는 매일 독을 마시고 있다
(화장품 생수 건축자재 생활용품에 숨겨진 독성물질 보고서)

허현회 | 라의눈 | 2015

집안에서 우리의 건강을 파괴하고 있는 주범들을 고발하는 책이다. 우리가 매일 접하고 있는 생활 독들의 위험을 다양한 데이터와 논문, 참고문헌 등을 통해 정확하게 알려줌으로써 그것들을 스스로 피할 수 있는 방법을 알려준다. 또한 합성 화학물질로부터 가족의 건강을 지킬 수 있는 30가지 방법에 대해 설명하고 있어 참고할 수 있다.

(내 아이에게 대물림되는) 엄마의 독성

이나즈 노리히사 | 윤혜림 옮김 | 전나무숲 | 2010

안전하다고 여겼던 엄마의 뱃속에 쌓인 독성이 고스란히 2세에게까지 전달된다는 '세대 전달 독성'의 실체를 파헤친 책이다. 세대 전달 독성에 관한 연구를 하고 있는 저자 이나즈 노리히사는 매우 넓고 다양한 범위에서 우리의 의식주를 이루는 생활용품에 어떤 유해 화학물질이 있고, 그것이 우리 몸에 어떤 작용을 하는지 구체적으로 알려준다. 일상생활에서 쉽게 접할 수 있는 생활용품들 속 유해 화학

물질, 일부 의약품, 식품에 사용되는 산화방지제와 보존료 등에 숨겨진 독성물질들을 조목조목 따져보며 독성의 대물림을 끊어야 함을 강조한다.

아토피를 잡아라

다음을 지키는 사람들 | 시공사 | 2002

우리집에서 아토피를 치료하는 99가지 방법! 1년여에 걸친 세미나, 전문가들과의 만남과 토론, 자료 조사를 토대로 홈페이지와 모임에서 가장 빈번하게 나왔던 질문을 중심으로 실제 생활에서 체크하고 바로 사용할 수 있도록 구성했다. 아토피에 대한 간단한 소개와 증상, 대처법, 의식주 생활등이 담겨 있으며, 중간중간 삽입된 Q&A와 그림은 이해하기 쉽도록 도와준다.

내 딸의 딸을 위한 가슴이야기

플로렌스 윌리엄스 | 강석기 옮김 | MID | 2014

두 아이의 엄마이자 모유로 아이를 키운 저자 플로렌스 윌리엄스가 전세계를 돌며 모유와 가슴에 관해 취재하고 연구한 가슴 보고서이다. 젖가슴이 인간이라는 종으로 규정할 수 있도록 한 존재라는 성찰과 함께 인류 진화 역사에서 가슴이 기여한 놀라운 기여를 함께 반영하고 있다는 것을 취재와 연구로 밝혀낸다. 더불어 이토록 놀랍도록 '민감성의

창'인 가슴이 오염될 환경으로 위기에 처했다는 것을 밝히며, 인류의 미래를 위해 가슴을 구하는 일이 중요한 과제임을 깨닫게 한다. 원인을 밝히지 못한 유방암, 성조숙증, 그리고 이 모든 것들의 거대한 원인이 되는 환경호르몬까지 사소한 이 슈까지 놓치지 않으며 단도직입적으로 가슴의 위기에 대해 파고든다.

아이와 함께 보면 좋은 책

어린이가 꼭 알아야 할 환경 이야기

프랑수아 미셸 | 마크 부타방 그림 | 박창호 옮김 | 영교 | 2002
초등학생을 위한 환경 이야기. 이 책은 환경에 대한 올바른 이해와 환경보호의 중요성을 알려주고 있다. 위험에 처한 생태계, 수질오염, 유전자변형 등을 통해 어린이들에게 환경이 얼마나 소중한지를 깨닫게 해준다.

알록달록 과자의 비밀

해로운 화학물질에서 자신을 구하는 환경동화:식생활 편

여성희 | 김용아 그림 | 현암사 | 2008
환경동화 시리즈 중 식생활편으로, 본 시리즈는 환경에 대한 관심이 증폭되는 요즘, 어린이에게 올바른 환경의식을 일깨우기 위해 기획되었다. 〈알록달록 과자의 비밀〉은 우리가 매일 먹고 있는 음식물 속 화학물질을 잘 가려내고 스스로 건강을 지킬 수 있는 방법을 쉽고 재미있게 소개한다.

황사의 여행

해로운 화학물질에서 자신을 구하는 환경동화:지구환경 편

강순희 | 김용아 그림 | 현암사 | 2008
환경동화 시리즈 중 지구환경편으로, 〈황사의 여행〉은 우리 삶의 터전인 지구환경을 병들게 하는 각종 유해 화학물질

을 알아본다. 또한 그 피해를 줄일 수 있는 다양한 실천 방법과 대비책을 재미있게 제시한다.

하얀 휴지의 공포

해로운 화학물질에서 자신을 구하는 환경동화: 주생활 편

여성희 | 김용아 그림 | 현암사 | 2008

환경동화 시리즈 중 주생활편으로, 〈하얀 휴지의 공포〉는 우리가 날마다 사용하는 집안 곳곳의 물건 중에 도사리는 각종 화학물질의 해로움을 짚어본다. 또한 건강을 지킬 수 있는 방법을 소개한다.

금발이 너무해

해로운 화학물질에서 자신을 구하는 환경동화: 의생활 편

강순희 | 김용아 그림 | 현암사 | 2008

환경동화 시리즈 중 의생활편으로, 〈금발이 너무해〉는 우리 몸에 직접 닿는 의생활 물품 속에 숨은 유해 화학물질을 짚어본다. 진정한 멋을 아는 친구들이 알아두어야 할 유용한 정보를 흥미진진하게 소개한다.

아빠는 환경운동가

모카 | 프레데릭 레베나 그림 | 양진희 옮김 | 교학사 2006

'환경 운동'이라는 일을 통해 환경오염의 심각성을 일깨우는 창작동화이다. 주인공인 오리온은 자신보다 '환경운동'이 중요한 아빠에 대한 불만이 쌓이기 시작한다. 그때 엄마는 극단적인 방법으로 둘을 붙여놓는다. 아빠의 일터로 오리온을 보내는 것. 오리온은 그곳에서 바다오리 '모모'를 만나면서 아빠를 조금씩 이해하게 된다.

(마법의 약이 넘쳐나는) 얼렁뚱땅 과자나라

조영경 | 정원재 그림 | 국일아이 | 2010

달콤함에 숨겨진 과자의 진실을 파헤치는 동화다. 과자를 좋아하는 어린이들이 과자가 만들어지는 과정 속에 숨겨진 진실을 파악할 수 있도록 했으며, 과자를 비롯한 가공식품에 대한 이야기를 쉽고 재미있게 전한다. 준서, 현우, 하나, 서영이가 하루 종일 공짜로 과자를 비롯한 아이스크림, 즉석식품, 패스트푸드 등을 마음껏 먹을 수 있는 과자 페스티벌에 초대되어 겪게 되는 모험이 그려진다. 사과 한 개로 사과 주스 수십 병을 만들고, 성분 하나만 바뀌면 레몬주스에서 포도주스가 되고, 딸기 우유를 만드는 소는 이상한 벌레를 먹는다. 이처럼 알고 보면 무서운 과자 이야기가 펼쳐진다.

엄마들이 꼭 봐야 할
환경 다큐멘터리 4선

사회가 발전하면서 우리의 일상생활을 편리하게 해주는 제품들이 늘어나고, 우리의 식탁도 더욱 풍성해지고 있다. 하지만 눈에 보이지 않는 곳에서 부작용이 발생하고 있다. 이미 그 위험성을 경고하는 목소리는 점점 커지고 있다. KBS, SBS 등 공중파 방송사가 환경 문제를 파고드는 다큐멘터리를 선보여 큰 반향을 불러일으켰다. 이중 아이를 키우는 부모라면 꼭 봐야 할 환경 다큐멘터리 영상을 모아봤다.

SBS 스페셜 〈독성가족-인체화학물질보고서〉

2014. 3. 9 / 3. 16 방송

독성 유해물질은 우리가 행동할 때 우리 몸속으로 들어온다. 머무는 공간, 먹고 마시고 쓰는 물건을 통해 경구, 호흡, 피부를 타고…. 생활습관에 따라 습관적, 고정적, 장기적으로 노출된다. 그렇게 우리 몸으로 들어온 독성 유해물질은 우리의 핏속에 흐르고 있고, 소변으로 배출되기도 한다. 현대인의 핏속에는 독성물질이 흐른다.

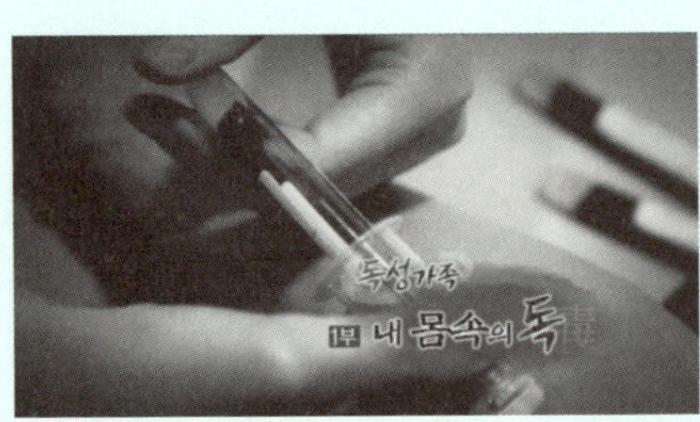

자신들의 피와 소변 속에 독성 유해물질이 있는지, 있다면 무엇이 얼마나 몸속에 있으며 어떤 경로로 몸속에 들어왔는지 확인해 보기 위해 '독성 가족' 35명이 모였다. 이들은 피와 소변을 기증하기 전 24시간 동안 일상생활을 밀착 촬영해, 이들의 피와 소변에서 발견된 독성물질이 어떤 경로를 통해 몸속으로 들어오게 됐는지 역추적한다. 과연 이들의 몸에서 독성물질은 발견될까?

SBS 스페셜 〈옥수수의 습격〉

2010. 10. 10 /10. 17 방영

이 다큐멘터리는 기존의 옥수수에 관한 통념을 뒤집고, 가축을 통한 옥수수 섭취가 우리의 몸에 어떠한 나쁜 영향을 끼치는지 알려준다. 제작진은 옥수수에 들어있는 오메가6와 오메가3 지방산의 구성비율이 66 : 1로 큰 불균형을 이루는 것이 문제라고 봤다. 현대인의 오메가6와 오메가3의 섭취비율은 20 : 1로 심하게 불균형한 상태. 체내에 오메가6 지방산이 너무 많으면 지방세포를 증식시키고 다양한 질환의 원인이 되기도 한다. 이것이 바로 '옥수수의 습격'이다.

취재진이 평범한 가정의 아버지와 딸의 머리카락을 조사하자 12살인 딸의 머리카락을 이루는 성분에서 34%가 옥수수라는 결과가 나왔다. 이는 우리가 먹는 대부분의 고기와 유제품이 옥수수 사료를 기반으로 만들어지기 때문이다. 또 시중에서 구할 수 있는 달걀과 소고기를 구입해 지방산 구성비율을 분석하자 달걀은 60 : 1, 소고기는 108 : 1로 나왔다. 이런 식품을 먹는 우리들의 지방산 비율은 식품의 비율에 따라 불균형해질 수밖에 없다.

KBS 환경스페셜 〈위험한 연금술 유전자조작식품(GMO/LMO)〉

2007. 7. 4 방영

유전자조작 식품은 건강과 환경에 어떤 영향을 끼칠까?

인도의 목장에서는 지난 3년 동안 수만 마리의 양과 염소가 폐사됐다. 유전자조작 면화를 심었던 밭에 방목한 것이 원인이었다. 또 1998년 8월, 미국의 아파드 푸스타이 박사는 충격적인 연구결과를 발표했다. 쥐에게 유전자조작 감자를 먹이자 거의 모든 장기의 중량이 감소했다. 90일 동안 유전자조작 감자를 먹은 쥐는 간 기능과 면역 기능이 저하됐다. 유전자조작의 폐해가 실험실이 아닌 일상생활에서도 입증되고 있는 셈이다.

유전자조작식품의 유해성 논란은 계속되고 있다. 미국 정부와 상당수의 유전공학자들은 아직 위험을 단정할 과학적 근거가 없다는 입장이지만, 과학자들은 잇따라 양심선언을 하고 있으며 세계 곳곳에서 유전자조작식품의 유해성에 관한 연구발표가 계속 이어지고 있다.

SBS 스페셜 〈환경호르몬의 역습〉

2006. 9. 10 방영

제작진은 서울과 경기도의 중고등학교 여학생 1,400여 명을 대상으로 벌인 조사를 통해 생리 때마다 진통제를 먹는 학생들이 전체의 35%에 이른다는 사실을 밝혀냈다. 중앙대학교병원 산부인과 이상훈 교수팀의 표본조사를 통해 중고교 여학생의 30%가 자궁내막증에 걸려 있다는 사실도 밝혀냈다.

그렇다면 생리통은 원래 이렇게 심한 것일까. 이 다큐멘터리는 에스트로겐과 유사한 환경호르몬이 인체에 영향을 미쳐 생리통에도 영향을 줄 수 있을 것이라는 가정에 착안해 3명의 여학생에게 환경호르몬 차단 실험을 실시했다. 플라스틱 그릇과 합성세제를 전혀 쓰지 않고 유기농 식품과 정수된 물만 먹게 했더니, 3명의 여학생은 한 달 만에 생리통이 확연히 줄었다.

이 실험결과는 환경호르몬을 유발하는 플라스틱과 일회용품, 합성세제 등이 생리통을 키우는 원인이 될 수 있다는 점을 지적한다. 바로 환경호르몬의 역습이다.

엄마 스마트폰에 깔아야 할 모바일 앱

우리 아이를 건강하고 안전하게 키우고 싶다면 스마트폰을 적절하게 활용하는 지혜를 배워야 할 것이다. 눈 씻고 찾아보면 우리 아이들을 건강하고 안전하게 키울 수 있도록 도와주는 친절한 어플리케이션들이 있다. 위험한 화장품 성분을 분석해 주는 앱도 있고, 식품첨가물에 대한 정보를 쉽게 확인할 수 있는 앱도 있다. 부모의 스마트폰에 꼭 깔아야 할 앱을 정리했다.

화해 – 화장품을 해석하다

어려워서 감히 접근도 못 했던 화장품 성분을 쉽게 이해할 수 있도록 돕는다. 화해는 휴대전화로 손쉽게 화장품 성분을 찾고 확인할 수 있는 편리한 화장품 성분 분석 서비스다. 복잡하고 알기 어려운 화장품 성분을 찾아주는 것은 물론, 성분 하나하나를 일일이 분석해 주는 똑똑한 앱이다.

검색되는 화장품 제품은 가나다순으로 정렬돼 있어 보기 편리하며, 검색 창에서 직접 제품명을 입력할 수도 있다. 원하는 제품을 누르면 ▲요약정보 ▲안전도 체크 ▲피부타입별 성분 ▲기능성 성분을 볼 수 있다.

'안전도 체크' 항목에서는 EWG(미국의 환경 연구단체) 등급 확인이 가능하다. EWG 등급은 낮은 위험도는 초록색(0~2등급), 중간 위험도는 주황색(3~6등급), 높은 위험도는 빨간색(7~10등급)으로 표시해, 자신이 사용하는 화장품이 어떤 등급인지를 가늠하게 해준다. 또한 화장품에 들어간 성분이 무엇인지, 그 성분이 들어간 이유가 무엇인지도 자세하게 나와 있다. 엄마 자신을 위해서도, 민감한 아기 피부를 위해서도 이 어플리케이션은 필수로 다운받아야 한다.

우리동네 위험지도

'우리동네 위험지도'는 아이 주변, 우리 동네에 어떤 위험물질이 있는지 두 눈으로 확인시켜 주는 어플리케이션이다. 일과건강, 민주노총을 비롯한 전국 27개 노동, 환경, 여성, 소비자 시민사회단체로 구성된 알권리 보장을 위한 '화학물질감시네트워크'가 제작한 이 앱은 전국 3,268개 업체의 화학물질 배출량과 발생 가능한 위험정보를 제공한다.

터치 몇 번으로 우리동네 화학물질의 위험성과 종류, 양, 발암물질 등의 정보를 확인할 수 있다. 2014년 9월 1일부터 10월 30일까지 소셜 펀치 후원함을 통해 모금된 3,000여 명의 후원금으로 제작된 시민의 앱이다. 국민들의 알 권리를 보장하기 위해서, 기업들의 침묵으로 베일에 싸여 있는 화학 위험물질을 스마트폰 앱에서 알기 쉽게 보여준다.

식품첨가물 스마트인포 - 식품나라

L-글루타민산나트륨, 아질산나트륨, 소르빈산칼륨…. 우리가 가공식품 포장에서

흔히 볼 수 있는 식품첨가물의 이름이다. 이러한 식품첨가물은 왜 사용되는 걸까? 그리고 어떻게 만들어지는 것일까? 식품나라의 '식품첨가물 스마트인포' 어플리케이션을 다운받으면 이러한 궁금증을 해결할 수 있다.

'식품첨가물 스마트인포'는 우리나라에서 식품을 가공할 때 사용하는 모든 식품첨가물을 알기 쉽게 설명하고 있다. '초성검색'과 '음성검색', 그리고 '색인' 기능이 탑재돼 있어 가공식품의 포장재에 표시돼 있는 식품첨가물을 손쉽게 검색할 수 있다. 아울러 '식품안전콜' 메뉴에는 식품안전과 관련한 각종 사고가 발생했을 때 도움을 받을 수 있는 신고센터와 상담센터가 안내되어 있다.

화학물질정보시스템(NCIS)

국립환경과학원이 내놓은 화학물질정보시스템 어플리케이션을 다운받으면 4만 4,000여 종의 화학물질 목록과 유해성 정보, 화학물질 관련 법령 등을 쉽게 알아볼 수 있다. 2012년부터 화학물질정보시스템 모바일 웹 시범서비스를 진행해 오던 국립환경과학원이 스마트폰 사용자의 접속 편의성을 위해 만든 앱이다.

기존 시범서비스에서 제공하던 규제별 물질검색, 일반정보, 함량정보, 고시정보 등 4개 항목 외에 물리·화학적 특성, 생태독성 등 7개 항목을 추가해 모두 11가지 관련 정보를 제공

한다. 각 메뉴에서 화학물질 규제번호, CAS 번호, 분자식, 구조식·규제물질 함량 정보 등 일반적인 물질정보와 우리나라 규제정보를 확인할 수 있다. 물리화학적 특성, 생태독성, 인체건강독성, 물질안전정보 등을 추가로 제공해 화학물질 독성, 위해성 정보도 알아볼 수 있다.

화학제품응급대응정보시스템

화학제품응급대응정보시스템은 화학제품과 화학물질에 신체가 노출되지 않게 하는 사고예방과 신체 노출 시 대응할 수 있도록 응급대응정보를 제공하는 시스템이다. 화학제품 제조회사로부터 제공받은 물질 안전보건 자료(MSDS, Material Safety Data Sheet)와 화학물질정보 제공 전문 사이트를 통해 수집된 자료를 근거로 정보를 제공한다. 고려대학교 응급의료센터와 건국대학교 응급의료센터에서 제공하는 응급조치정보는 쉽게 찾아볼 수 있다.

농식품안심이

국립농산물품질관리원에서 인터넷으로 제공하고 있는 다양한 농식품 안전, 품질 정보를 모바일에서도 이용할 수 있도록 만든 어플리케이션이다. 농식품 안전 관련 기관 120개 소의 위치와 연락처를 비롯해 친환경농산물 인증조회 및 QR코드 확인 서비스를 제공하고 있다. 또한 GIS 기반으로 원산지 우수 음식점 위치정보 및 소개 서비스도 제공하고 있다.

스마트 컨슈머

스마트컨슈머는 공정거래위원회가 주관하고 한국소비자원이 운영하는 소비자 전문 포털 사이트다. 정부 부처와 공공기관, 민간단체, 지방자치단체와 연계해 2012년 1월 11일부터 서비스를 제공하고 있다. 이 포털 사이트의 서비스는 모바일 앱으로도 접근 가능하다. 언제 어디서나 모바일을 통해 상품비교정보(비교공감), 소비자톡톡, 리콜정보 등 정부 부처와 공공기관, 민간단체, 지차체에서 제공하는 각종 소비자정보를 이용할 수 있다.

보다 꼼꼼해지고, 때론 독해져야

〈베이비뉴스〉의 태동

아이를 재운 뒤 아내가 컴퓨터를 켭니다. 아이를 키우려면 이것저것 찾아봐야 할 게 많기 때문입니다. 어디 가서 정보를 찾느냐고 물었더니, 엄마들이 자주 찾는 인터넷 커뮤니티가 있답니다. 100만 명이 훨씬 넘는 엄마들이 그 커뮤니티에서 활발하게 활동하는 것을 보고 적지 않은 충격을 받았습니다. 동시 접속자가 수천 명! 신생아를 재운 뒤, 엄마들은 인터넷 세상으로 로그인을 하고 있던 것이었습니다.

그런데 한 가지 의문점이 들었습니다. '아이 키우는 문제가 매우 중요하다는데, 아이를 위한, 엄마들을 위한 인터넷신문은 왜 하나도 없을까? 아이 키우는 데 필요한 최신 정보를 신속하게 알려주는 언론 하나쯤 필요하지 않을까?' 2009년 어느 가을밤, 대한민국 최초 육아신문 〈베이비뉴스〉는 그렇게 태동하기 시작했습니다.

그러던 중 우리나라 육아 현실의 민낯을 마주하게 되는 사건이 벌어집니다. 아이가 생후 6개월쯤 됐을 때입니다. 6개월 뒤, 직장에 복귀하려면 아이를 어린이집에 맡길 수밖에 없었습니다. 아내는 우선 아파트 1층에 있는 어린이집을 가보겠다고 했습니다. 아내가 그 어린이집에 다녀온 다음날이었습니다. 아내의 휴대전화에 낯선 번호가 찍혔습니다. 알고 보니, 어린이집 원장이었습니다.

"어머니, 아이 이름부터 빨리 등록해 주면 어떨까요? 우리 선생님들 월급 주려면 정원이 채워져야 하는데 아이를 등록하면 나라에게 지원금을 받을 수 있어요. 당장 아이를 맡기지 않아도 되니, 이름부터 등록하고 나중에 아이를 보내세요. 장보러 갈 때나 급한 일이 있을 때 아이를 맡아줄게요. 그리고 매달 10만 원씩 입금해 드릴게요."

충격이었습니다. '태어난 지 얼마 되지 않은 아이를 두고, 돈 거래를 제안하다니….' 기자 생활을 하면서 복지시설의 정부지원금 부정 수급의 사례를 많이 봐왔는데, 동네 어린이집에서도 똑같은 일이 발생하고 있음을 확인하는 순간이었습니다. 그 일이 있은 뒤, 육아전문지에 대한 생각은 더욱 간절해졌습니다. 육아정책의 잘못된 부분을 파헤치는 전문 언론이 꼭 필요하다고 생각했습니다.

2010년 9월 1일, 우리 아이가 첫돌을 맞을 즈음 〈베이비뉴스〉는 탄생했습니다. '아이 낳고 기르기 좋은 세상을 만들자'는 창간 정신 아래 젊은 사람들이 뭉쳤습니다. 유모차가 불편한 공원의 산책길, 간판만 걸어놓고 아무런 편의시설도 마련해 놓지 않은 수유실, 엘리베이터가 서지 않는 장난감도서관, 유모차 이용자에게 경사로를 내려주지 않는 저상버스 등 개선이 필요한 육아환경을 하나씩하나씩 점검해 나갔습니다.

가습기 살균제 사태의 시작

그러던 중 우리는 충격적인 뉴스를 접하게 됩니다. 〈베이비뉴스〉가 창간된 다음해 5월의 일입니다. 정체 모를 신종폐질환이 확산되고 있다는 뉴스가 나오기 시작했고, 결국 첫 사망자가 나왔는데 바로 산모였습니다. 35살의 젊은 여성은 감기 증세로 병원을 찾은 이후 폐가 딱딱하게 굳는 섬유화가 급속하게 진행돼 입원 한 달 만에 끝내 숨졌습니다. 그 뒤로 임신부들이 잇따라 숨지기 시작했고, 엄마들 사이에서는 '임신부만 죽이는 신종 전염병이 유행하고 있다'는 괴담이 퍼지기 시작했습니다. 신종플루라는 감염병을 경험해 봤던 터라, 그런 괴담이 퍼지는 것은 이상한 일이 아니었습니다. 〈베이비뉴스〉는 다른 언론사와 마찬가지로 관심을 놓지 않고 지속해서 관련 보도를 이어갔습니다.

가습기 살균제가 그 원인이었다는 것이 밝혀진 것은 그해 8월 말이었습니다. 질병관리본부는 브리핑을 통해서 2011년 봄 4명의 임신부를 사망에 이르게 한 원인 미상 폐 손상의 원인으로 가습기 살균제를 지목했습니다. 그러면서 아직 확실한 인과관계가 입증되지 않았지만 국민건강 보호를 위해 최종 결과가 나올 때까지 가습기 살균제 사용을 자제해 달라고 발표했습니다.

질병관리본부는 2004년부터 2011년까지 원인 미상 폐 손상 환자로 판명된 18건을 대상으로 환자-대조군 역학조사를 실시한 결과, 가습기 살균제를 사용한 경우 원인 미상 폐 손상 발생 위험도가 사용하지 않았을 경우에 비교해 47.3배 높았다고 전했습니다.

'그렇다면 다른 생활용품은 안전한 것일까?' 〈베이비뉴스〉는 샴푸, 물티슈, 식기세척 세제에도 가습기 살균제와 같은 성분의 원료가 사용된다는 점을 파고들었고, 질병관리본부의 발표에도 불구하고 여전히 인터넷에서 가습기 살균제가 판매되고 있다는 점을 단독 보도했습니다.

일상생활을 편리하게 해주는 생활용품이 살인용품이 될 수 있다는 점, 그 첫 번째 피해자는 엄마들과 아이들이라는 점에서 〈베이비뉴스〉는 가습기 살균제 사태를 파고들지 않을 수 없었습니다. 이후로 '가습기살균제피해자모임'이 구성돼 활동하기 시작했고, 환경보건시민센터가 이들의 활동을 적극 도왔습니다. 다행히 많은 언론들도 가습기 살균제 사태에 대해 깊은 관심을 보여줬습니다. 그런데 언제나 그렇듯 언론의 관심은 오래가지 않았습니다. 가습기 살균제 사태 보도가 뜸해지기 시작했고, 어느 순간 아예 사라져버렸습니다.

피해자들의 고통은 여전히 계속되고 있고, 이를 알리기 위한 '가습기살균제피해자모임'의 활동도 쉬지 않고 계속됐지만 기사를 써서 알리는 언론은 없었습니다. 우리나라 언론들은 비슷한 목소리, 비슷한 사진을 연이어서 보도하는 것을 경계합니다. 하지만 〈베이비뉴스〉의 생각은 달랐습니다. 아직 아무것도 해결된 것이 없기에 피해자들의 활동은 계속되는 것이고, 문제가 해결되기 전까지는 언론의 역할도 끝난 것이 아닙니다. 이런 생각으로, 〈베이비뉴스〉는 피해자들의 활동현장을 빠뜨리지 않고 챙겼습니다. 피해자들의 곁을 찾아가, 그들의 삶을 진솔하게 전하는 데 주력했습니다.

'낙숫물이 바위를 뚫는다.'

가습기 살균제 사태는 몇몇 국회의원들이 관심을 갖기 시작하면서 새로운 전환점을 맞이합니다. 가습기 살균제 피해자들의 꾸준한 활동이 국회의원들의 마음을 울렸습니다. 가습기 살균제 피해구제를 위한 입법이 추진되기 시작했고, 국정감사장에서 가습기 살균제 사태가 본격적으로 다뤄지기 시작했습니다. 그 결과 가습기 살균제 피해 구제를 위한 예산까지 확보됐습니다. 물론 정부의 피해구제책이 성에 안 차는 것이 사실입니다. 가습기 살균제를 제조·판매하는 기업은 아직도 공식적인 사과도 하지 않았습니다. 관련 소송도 현재진행형인 상황입니다. 여전히 풀어야 할 과제는 산더미지만, 지금까지 그래왔던 것처럼 조금씩조금씩 앞으로 나아가야 할 것입니다.

가습기 살균제 사태가 주는 교훈

가습기 살균제 사태가 우리에게 주는 교훈은 무엇일까요? 가습기 살균제 사태는 아이를 키우는 부모들에겐 큰 의미로 다가온 것이 사실입니다. 각종 유아용품과 생활용품 속에 과연 어떤 성분이 들어 있는지, 우리 아이들의 건강과 안전을 위협하는 유해물질과 독성물질이 포함돼 있는 것은 아닌지, 부모들의 관심은 높아졌습니다.

관련 제도와 법률도 의미 있는 진전을 했습니다. 화학물질의 등록 및 평가 등에 관한 법률이 만들어져, 2015년 1월부터 시행되기 시작했습니다. 우리나라에서 유통되는 화학물질은 4만 3,000여 종이라고 합니다. 일부이기는 하지만, 이 법률로 인해서 화학물질의 체계적인 관리가 시작됐습니다.

우리는 이제 명확하게 알게 됐습니다. 우리들의 생활을 편리하게 해주는 수많은 제품들이 우리 아이들의 목을 조르고 있다는 사실을 말입니다. 우리 아이들의 몸속에는 독성물질이 쌓여가고 있습니다. 제2의 가습기 살균제 사태는 얼마든지 우리에게 다시 일어날 수 있습니다. 더이상 모르는 척, 외면하고 살아갈 수는 없습니다. 더이상 숨겨두고 살아가서도 안 됩니다. 세상이 반드시 알아야 할 유아용품 속 독성물질에 대한 진실을 밝히고, 우리 아이들의 목숨을 지켜야 할 때입니다.

〈베이비뉴스〉는 2014년 10월 29일부터 2015년 1월 1일까지 '누가 우리 아이에게 독을 먹이나' 라는 타이틀을 내걸고, 다음카카오 뉴스펀딩을 통해 '엄마는 모르는 유아용품 속 독성물질 심층보고서'를 연재했습니다. 뉴스펀딩은 언론사가 의미 있는 기획기사를 쓸 수 있도록, 후원자들이 후원금을 제공할 수 있도록 기회를 열어주는 새로운 미디어 플랫폼입니다.

〈베이비뉴스〉는 가습기 살균제 추적보도의 노력을 인정받아 뉴스펀딩 프로젝트에 합류할 수 있었습니다. '누가 우리 아이에게 독을 먹이나' 는 뉴스펀딩의 11번째 프로젝트로 진행될 만큼 의미 있는 기획이었습니다.

〈독성물질 잡는 해독엄마〉에 실은 원고의 상당수는 당시 뉴스펀딩 프로젝트를 통해 공개한 기획기사들입니다. 당시 프로젝트에서 미처 다 하지 못한 이야기, 그리고 부족했던 부분을 보완해서 이 책을 내게 됐습니다. 이 책을 준비하면서 우리는, 우리 아이들을 지키기 위해서 〈베이비뉴스〉가 해야 할 일들이 정말 많다는 것을 깨달았습니다. 그런 의미에서 이 책의 출간은 우리에겐 새로운 동력이 될 것입니다. 아이들에게 더 나은 세상을 물려주기 위해서, 더욱 용기를 내어 힘차게 달려갈 수 있도록 도와주는….

이 책은 〈베이비뉴스〉와 함께해 준 우리 부모님들 덕분에 완성될 수 있었습니다. 기꺼이 인터뷰에 응해주신 수많은 부모님들, 그리고 가습기 살균제 피해 가족들과 환경보건시민센터 관계자 여러분께 진심으로 감사의 말씀을 드립니다. 묵묵히 현장에서 화학물질의 위험성을 파헤치고 있는 전문가들과 활동가들의 도움 없이는 우리가 진실에 다가갈 수 없었을 것이라는 점도 꼭 말씀드리고 싶습니다. 우리의 원고를 꼼꼼히 읽고, 아낌없는 조언을 던져주신 울림 두레생협 고은주(해기)님, 남정애(무무)님, 조영실(릴라뽕)님 여성환경 연대 이안소영(요정)님 정말 고맙습니다.

우리 아이들이 건강하고 안전하게 자랐으면 하는 바람은 모든 부모의 마음일 것입니다. 아이를 잘 키우기 위해서는 알아야 할 게 많습니다. 보다 꼼꼼해지고, 때론 독해져야 합니다. 부모가 1% 변하면 아이는 100% 변한다는 말이 있습니다. 부모님들의 생활습관이 바뀌어야 아이들도 달라집니다.
이 땅의 모든 엄마들이 '독성물질 잡는 해독 엄마' 가 되길 바랍니

다. 누가 우리 아이에게 독을 먹일까요? 물론 독을 만들어낸 사람들
과 그걸 규제하지 못하고 있는 정부와 사회의 잘못이 있지만, 그 독
을 먹이는 것은 부모 자신이 될 수 있다는 점을 명심해 주시기 바랍
니다.

아빠의 마음으로

소 장 섭

독성물질 잡는

해독엄마

초 판 1쇄 인쇄 | 2015년 10월 15일
초 판 1쇄 발행 | 2015년 10월 20일

글·사진 | 베이비뉴스 편집국

　　　　소장섭 이기태 안기성 심우리 정가영 김고은
　　　　김은실 이정윤 이유주 윤지아 안은선 정은혜

펴낸이 | 김명숙
펴낸곳 | 나무발전소
교　정 | 정경임
디자인 | 이명재

등　록 | 2009년 5월 8일(제313-2009-98호)
주　소 | 서울시 마포구 합정동 358-3 서정빌딩 7층
이메일 | tpowerstation@hanmail.net
전　화 | 02)333-1962
팩　스 | 02)333-1961

ISBN 979-11-86536-33-9 13590

책 값은 뒷표지에 있습니다.
잘못된 책은 바꾸어 드립니다.

이 도서의 국립중앙도서관 출판예정도서목록(CIP)은 서지정보유통지원시스템 홈페이지(http://seoji.nl.go.kr)와 국가
자료공동목록시스템(http://www.nl.go.kr/kolisnet)에서 이용하실 수 있습니다.　(CIP제어번호 : CIP 2015027103)